WHAT TO DO WHEN YOU'RE NEW

How to Be Comfortable, Confident, and Successful in New Situations

如何用最短时间实现最高效社交

[美] 基斯 · 罗拉格 Keith Rollag 著

中国青年出版社
CHINA YOUTH PRESS
中青文传媒

图书在版编目（CIP）数据

如何用最短时间实现最高效社交 /（美）基斯·罗拉格著；彭相珍译.

—北京：中国青年出版社，2018.1

书名原文：What to Do When You're New：How to Be Comfortable，Confident，and Successful in New Situations

ISBN 978-7-5153-4890-2

Ⅰ.①如… Ⅱ.①基… ②彭… Ⅲ.①心理交往－通俗读物 Ⅳ.①C912.11-49

中国版本图书馆CIP数据核字（2017）第211371号

如何用最短时间实现最高效社交

作　　者：〔美〕基斯·罗拉格
译　　者：彭相珍
责任编辑：杨　迪　范苗苗
美术编辑：靳　然
出　　版：中国青年出版社
发　　行：北京中青文文化传媒有限公司
电　　话：010-65511270/65516873
公司网址：www.cyb.com.cn
购书网址：zqwts.tmall.com　www.diyijie.com
印　　刷：大厂回族自治县益利印刷有限公司
版　　次：2018年1月第1版
印　　次：2018年7月第2次印刷
开　　本：787×1092　1/16
字　　数：150千字
印　　张：13
京权图字：01-2016-9756
书　　号：ISBN 978-7-5153-4890-2
定　　价：39.00元

目 录

境考验，只有掌握了高效的社交方法，才能让我们自如应对不断出现的挑战。

在社交伊始感到轻微的焦虑和紧张，是正常且有益的。这种紧张源于人类的遗传基因和我们童年时对陌生人的排斥，而这种适度的轻微紧张状态恰恰有益于我们在社交时的表现。

仅仅拥有一些成功的社交经验并不一定能让我们在下一次社交时发挥自如，在每一次行动之后反思，并在下一次开

人际关系的社会能量能够改变一个人对所处环境的看法，我们在新环境中的成功幸福感往往取决于能够交到多少朋友。然而，每一段人际关系都是“两个人的探戈”，适度调整预期，先成为他人的积极资源，体验会更好。

“表现焦虑症”并不是内向群体的专属，很多“会聊天”的人也会害怕在不熟悉的人面前完成从未经历过的任务。有意识地为自己建立成长型思维模式，专注能力的进步，而非观众可能的反应，自然会做到游刃有余。

第一部分

社交为什么会让我们紧张

在本部分中，我们提出快速在新环境下实现高效社交的五个关键因素——自我介绍、记忆人名、提出问题、新建人际关系和在陌生人面前完成新任务。你将看到，它们为何在每一种社交新环境下都是必不可少的活动，你也会了解到，人类的进化、文化和我们个人的早期童年经历如何决定我们在社交新环境中的紧张程度。更重要的是，你将通过本部分的内容，学会如何通过思考和刻意练习来克服这些焦虑和紧张情绪。

第一章
后来者能居上
——高效社交最重要的五件事

想要取得任何事情的成功，都必然意味着需要挑战全新的社交环境和情势。事业成功往往意味着你需要更换工作、加入全新的团队。有时候是因为升职而加入全新的工作团队；有时候则是被调岗到完全陌生的城市或国家。而在工作之外，选择重回学校进修学习，甚至选择加入新的健身俱乐部，都意味着你又回到了“新人”的状态。当你尝试培养一个全新的爱好，或出国度假，或者尝试完成自己“人生清单”上的某一事项时，也往往会变成某个群体的“后来者”。

事实上，要实现人生中任何重要或有意义的事情，都意味着你需要在某种程度上或某个阶段里结识新朋友、学习新事物，或者承担新角色。初次来到新环境时，你在最初几秒钟、几分钟、几小时或几天内的想法和行动，往往具有决定性的意义，因为，你在这时的表现和行为，决定了你在新的社交环境里能否获得成功、满足感和幸福感。

因此，本书的目标就是：帮助你，无论你身处何种全新的社交环境和情势中，成为一个更成功的后来者——我们将深入探索和剖析高效社交的秘诀，并为你提供全方位的策略、技巧和练习，确保你能实现下列目标：

- 对自己的新角色更具信心，并获得更高的工作和学习效率。
- 与新同事、同学、团队成员和邻居建立更好的人际关系。
- 缓解面对陌生人时的焦虑和尴尬情绪。
- 更乐于尝试会让生活变得更有趣、更有益和更丰富多彩的新体验。

高效社交的五个关键技巧

关于如何在新环境中取得高效社交成功的问题，我已经研究了20多年。我采访了上千名不同职务、不同级别、不同行业的职场新人，仔细观察和记录了职场新人的工作状态，并与他们的领导进行了交流。此外，我还要求他们记录自己工作前几周的经历，并在诸多来自各行各业的组织和机构中针对职场新人开展了调研。

除了职场，我还采访了以“新人”身份进入学校、教堂、社区、戏剧团体、健身俱乐部，甚至摇滚乐队并展开各类活动的人们。我采访过刚搬进宿舍的大学生，也采访过刚搬进退休社区的老年人，我还采访过那些刚开始参加游泳、吉他、瑜伽、滑雪甚至是养蜂课程的人。通过所有这些了解，我一直试图找到，那些实现高效社交的“后来者”背后有什么样的秘密？他们到底做了什么，才让自己这一段融入新社交环境的经历变成了充满积极乐观和收获感的体验？他们到底如何快速适应环境和掌握新技能？他们如何成功融入全新的集体？他们如何获得能够帮助自己在新角色上效率过人地获得信息和建议？

我发现，这些人的致胜秘诀根本算不上什么惊天大秘密，因为所谓的秘诀从本质上而言，就是我们是否具备足够的意愿和能力，来完成下列五项关键的事：

1. 将自己介绍给陌生人；

2. 记住他人的名字；

3. 恰当提出问题；

4. 建立全新的人际关系；

5. 在他人面前执行或完成全新的任务。

对于大多数人来说，这五个技能不仅仅是我们在新环境中获得成功的关键，也是我们在全新的社交环境下感到焦虑的最根本原因。比如，尽管我们内心清楚自我介绍是建立人际关系的关键步骤，我们还是会潜意识地抗拒主动接近陌生人去介绍自己。同样，即使我们已经意识到，记住他人的名字能为我们轻松地创造绝佳的“第二印象”，我们还是常常会发现自己忘记了对方的名字。

我们也知道，直接提出问题往往是获得信息的唯一途径，但我们犹豫着，不敢去打扰那些既繁忙又身居要职的人。同时我们也明白，几乎所有的工作都需要良好的人际关系，但我们十分抵触且不愿意开启和维护全新的人际关系。到了最后，即便我们清楚，其他人并不期待新来的我们能够快速适应，也可以包容我们犯下些许错误，我们依然发现，在不熟悉的人面前扮演全新的角色或完成任务时，充满了焦虑。

“假社交”是怎么产生的

下面的情境是否会让你感到似曾相识？

你知道自己应该进行社交，并且这次的活动就是一个拓展人脉的绝佳机会。但是，在踏入房间时，你被一大群完全陌生的人吓住了。举目所及都是陌生的脸庞，而你绝望地试图在茫茫人海中找到那几张熟悉的好友面孔。一旦发现了他们，你就径直走过去打招呼。然后在接下来的时间里，你都在忙着跟这些已经十分熟悉的朋友漫无边际的闲聊。结果就是你虚度了整个晚上，几乎没有交到新朋友。

或者，你没能找到熟悉的人，也没有任何人走过来表示想认识你。于是，整个晚上你就蹲在场边，专心致志地对着手机发呆。你假装自己刚刚收到了一封特别紧急的邮件或一条短信，必须在百忙之中抽出时间来即刻回复。因为只有这样，你才能够理直气壮地解释，为什么在活动的大部分时间里，你都是自己一个人默默站在角落里。

无论是哪一种情况，你在离开时都会断定：这个破聚会根本不是什么开展人际交往的好机会。

你并不是唯一有过类似经历的人。哥伦比亚大学的研究人员保罗·英格拉姆和迈克尔·莫里斯曾为一群高管人员组织了一场人际交流会。超过95%的参与者在会前都表示，参加这场交流会的主要目的就是为了结识新朋友、拓展新的人际关系。在活动举办之前，两位研究人员要求每位参会高管都把邀请名单上的熟人标注出来。

活动当天，研究人员给每位抵达活动现场的高管配备了一张特制的电子名卡。这张电子名卡让英格拉姆和莫里斯能够追踪每个高管，获得他们在这场时长80分钟的活动中的行动轨迹和所有的对话。

研究人员发现，尽管高管们都表达了结识新朋友的意愿，他们当中的大多数人在整个活动过程中还是都与自己的熟人待在一起。他们很少主动去接触陌生人并介绍自己。那些成功建立新人际关系的高管，结识新朋友时也需要依赖熟悉双方的中间人引见。英格拉姆和莫里斯从这次活动中得出了什么结论呢？他们对那些想要通过联谊活动结识新朋友的人给出了什么建议呢？

千万不要带着朋友参加联谊活动！

换句话说，人脉拓展成功的关键就在于，我们需要克服自己对于主动接近并向陌生人介绍自己的抗拒心理和惰性——而这也正是高效社交必备的一项基本技能。在第五章中，我们将仔细研究和分析与自我介绍相关的社会动态因素，并探讨它们导致严重焦虑的深层原因。我们也将提供一些具体策略和实践，帮助你实现下列目标，即：

- 缓解接触陌生人时产生的焦虑情绪。
- 自信地开展自我介绍。
- 留下良好的第一印象。
- 能够成功地攀谈并建立良好的人际关系。
- 让自我介绍为自己创造条件，从对方处获得帮助、建议或乐趣。

她叫什么名字来着？

尽管高效社交很大程度上取决于你的主动自我介绍，但是，你在下一次遇到对方时的想法和行动，往往也会产生决定性的效果。你是否同样遭遇过下列情况?

你老是遇到这个人。她可能是同事、同学，或者在你的孩子踢足球赛时站在场边的另一位家长。你们在第一次碰面时就十分友好地交换了名字，也聊得十分愉快。很显然，她是一个值得你进一步深入了解的人。但是，你们再次相遇时，她准确地叫出了你的名字，你却感到非常恐慌，因为你根本想不起来她到底叫什么。你只能热情洋溢地用类似“啊，是你呀。最近过得怎么样”等含混不清的问候语做出回应，并努力假装自己知道她叫什么。

在接下来的日子里，你们还是会经常遇到对方，也交谈得十分愉快，但是你自己变得越来越不自在。因为你还是死活想不起来她的名字。而到了这个时候才跟对方坦陈，自己压根不知道她的名字又太尴尬。最糟糕的是，你记得关于她的所有其他细节，就是想不起她叫什么。而你最担心的是，万一有一天她在你和另外一个人交谈的时候出现，而理论上你应该给她们互相介绍的时候，还是想不起她的名字，相信到时候的场面不会太好看。

尽管你很想进一步了解她，但是“名字”这个事情让你犹豫，是否能够进一步加深这段人际关系。于是你决定，把和她的每次相遇和谈话都作为闪电战，并且和其他人在一起的时候尽量躲开她。并默默在心里祈祷，她没有发现你的刻意躲避。

如果上述经历似曾相识，那么你肯定也不算奇葩的少数人。因为在所有接受访谈的人中，约80%的人向我承认，自己不擅长记住别人的名字。很多受访者也提及了作为新人经常遭遇的一个尴尬情况：因为想不起对方的名字，他们在与最近刚刚打过交道的人交往和互动时，感到十分焦虑和迟疑。

大多数人十分担心因为自己记不住或想不起他人的名字而造成的尴尬。

英国博彩公司立博（Ladbrokes）针对2000人开展了一项调查。结果显示，受访者认为，最尴尬的事情就是忘了曾经被引荐过的人的名字，而在这个尴尬情境排行榜上位列第三的，是叫错他人的名字。

这个问题也有望解决。在本书第六章中，我们将探索导致大多数人想不起他人名字的原因，并借此提供可能的解决方案。我们会引入记忆神经学，了解人类处理和存储他人名字的方式为何会导致我们很难再次想起人名。我们也会研究与人际交往相关的社会动态因素，因为这些因素往往会妨碍或阻止我们听到、掌握和记住另外一个人的名字。更重要的是，你将在该章中找到一系列的技巧和方法，帮助你实现下列目标：

- 掌握和记住新认识的人的名字。
- 在再次相遇的情况下，可以自信地回忆起他人的名字。
- 在无法想起对方名字的情况下，避免尴尬情况的发生。

主动认识新同事的时机

我所采访过的大多数人都表示，在各类新的社交情境中，他们最关心的是如何在新的职场环境里取得成功。回忆一下自己上次换工作的情况，下面这些描述是否让你感到熟悉？

你入职新公司有几个星期了，但你还没有认全所有的同事。在入职的第一天，上司带着你快速在单位里走了一趟。但是介绍的过程太快，你根本没记住任何人的名字。你希望可以寻求一些关键人士的帮助和建议，但却十分犹豫是否应该开口。也许是因为你的上司根本没把你介绍给这些人，也许是这些人看起来总是特别忙碌，所以你不想增加他们的负担或打断他们的工作节奏。而且你觉得，自己上班都好几个星期了，应该已经有能力独立解答自己的一些疑问。

经过一段时间的相处，你觉得已经在工作中交到了几个不错的朋友。但是到目前为止，你仍然只能和随机遇到的同事聊一些不痛不痒的话题。午餐时间依然十分难熬——有时候同事会邀请你加入他们的“午餐小团体”，但更多时候，他们没有邀请你。你真心希望刚入职的自己可以提出更多问题，并更努力地去结交新朋友。但如果现在才开始着手做这些事情，会不会看起来为时已晚，又太过尴尬呢？

无数的“新人”曾向我倾述类似故事的不同版本。导致这种内心深处的无奈和遗憾的原因，某些情况下是因为主管没能花时间妥善地向办公室里的老员工介绍新人；还有一些情况是因为，老员工并不欢迎和接受新来的员工；而有时候，则是因为新人自身没能积极地提出问题，培养全新的人际关系。

而当我问受访者“如果你可以重来一遍，你会怎么做”时，到目前为止最常见的回答是：“提出更多的问题。”因此，在本书第七章里，我们将探讨为何我们不愿意向相对陌生，尤其是那些格外忙碌又至关重要的人提出问题的原因。我们也将分析提问背后存在的相关社会动态因素，然后据此提供一些可供使用的技巧和方法，使你可以：

- 提出更有战略性和前瞻性的问题。
- 缓解在接触他人并提出问题时的焦虑情绪。
- 确保提出问题的方式有助于创建或维持良好的人际印象。

高效社交同样需要依赖人际关系。因为我们需要通过人际关系来了解自己的新角色、获取信息和建议、被新的组织所接受，并建立我们实现目标所必需的人际影响力。

人际关系也是确保新人获得社交满足感的关键因素。盖洛普公司曾针对数千家公司里的数百万员工开展了调查。他们发现，工作满意度最显著的预测因素之一，就是员工对“我在单位结交了朋友”这一表述的认同程度。

尽管我们一生中都在不断地结交朋友，但是在接受采访的人中，仅有少数人认为自己十分擅长培养全新的人际关系。因此，本书第八章的主要目标就是：

- 探索为何我们在开启全新人际关系时会感到迟疑或尴尬。
- 研究人际关系发展背后的科学原理（从初次见面到成为朋友）。
- 帮助你度过最初的相互介绍阶段，并成功发展出有意义的人际关系。
- 帮助你更好地练习和实践开启人际关系的技能，以成功实现“融入”。

迟疑不决的参与者

最后，我们为大家描述另外一种普遍存在的让人困惑的新环境：

因为内心意愿、他人鼓励或受到广告的蛊惑，你想要参加一门课程或培训来学习或从事你真正感兴趣的一些事情。这可能是公众演讲、销售策略、厨艺培养或有氧运动，也可以是摄影、舞蹈、瑜伽或外语学习。你特别想要参与学习，但又犹豫到底要不要参加。

你知道，结识新的教练和其他同学可能会让自己感到尴尬，但你最担心的是在陌生人面前展示。因为他们大多数人可能都比你更有经验和技巧。如果他们发现你是个彻头彻尾的菜鸟，你就会觉得很尴尬。你告诉自己，这个事情早就应该尝试了；你也早该趁自己还年轻的时候就学习这个东西。但转念一想，自己都这个年纪了为何还要硬着头皮去学呢。最终你反而选择了放弃学习或参与的想法，并试图说服自己，你根本就不想学习这个技能、运动或兴趣爱好。

这样的故事随处可见。经历了纠结和犹豫并最终放弃尝试新学习的所有主角们，都是因为不希望其他人看到自己作为一个新成员时呈现的尴尬无比、错误百出且非常不完美的形象。在职场情况下，这样的心态会导致你无法适应新角色、发展新技能或呈现自己的最佳创意。在职场之外，这样的心态会导致你放弃尝试所有新事物——你也会因此遗憾地错过所有能够带来美好人生经历的新体验。

因此，在本书第九章中，我们将探讨“首秀”背后的科学原理，以实现下列目标：

- 了解我们在新组织或团体中表现时感到焦虑或迟疑的原因。
- 制定战略，将自己的关注点从“追求完美”转移到“专注进步”上来。
- 在新环境里能够秉持“初学者心态”，并意识到新机会的价值和好处。

当然，作为后来者，你还需要做到一些其他的事情才可能获得理想中的社交成功。首先你需要树立信任感，建立人际之间的信任；其次你需要就个人的责任和角色预期进行充分沟通；最后你需要参加入职和培训活动。如果你以领导身份空降到新环境，那么你需要尽早制定团队的共同目标并抢占先机，确保自己可以建立推动变革的基础和势头。

因此，在本书中我将着重阐述上述五个高效社交的技能，因为我相信，它们是在新环境中取得成功的必备基本技能。你在执行这五项基本技能的过程中，自信程度越高、感觉越自在、执行的意愿越强，那么你作为团队的新领导、小组的新成员、学校的新学生、社区的新邻居、组织的新志愿者、小区的新居民、城市的新游客，或任意你决定承担的其他后来者角色时，就能够获得更大程度的成功。

你可以将这些技能想象为棒球里的接球、发球和达垒或是橄榄球中的得分和传球。因为在能够确保所有后来者获得成功的所有策略中，这些是必备的基础技能。例如，如果你没有首先介绍自己，你就不可能建立可信度和获得人际信任。如果你不能建立和培养全新的人际关系，你就不可能形成人脉网。如果你没能提出问题并学会如何去适应全新的角色和完成随之而来的新任务，你就不可能旗开得胜。而如果你连对方的名字都记不住，你又怎么能够期待员工听从你的指令和计划呢？

大多数的经理（或给“新人”提供建议书籍的专职作家们）往往会默认，你在转换角色和身份之前已经具备，并十分擅长这五项关键的技能，因此他们在自己的工作或专著中往往会忽视这些技能。因为在他们看来，你既然已经是个成年人，上过大学，同数百人进行过交流，你就应该已经是个社交高手，十分擅长自我介绍、记住人名、提出问题等关键技能。

我的采访结果则提供了一个截然相反的结论。大多数人都不认为自己十分擅长这些技能，甚至不认为自己掌握了这些必备的技能。而我们在一个或多个前述技能方面的犹豫或信心缺失，往往会从根本上让我们无法勇敢跳出自己的舒适区，更别提在新环境中取得成功了。

不幸的是，这五项关键技能往往是我们的学校教育，或是入职培训无法提供的内容。回想一下，你是否曾经参加过关于自我介绍的课程？是否学过如何记住别人的姓名？是否接受过能让你能够更自信地提出问题的任何相关指导？是否听过让你学会如何开启人际关系和结交朋友的相关建议？或接受过相关的培训，以确保你可以适应新角色并完成新任务？

组织和单位希望得到可以迅速适应并完成新工作任务的员工，但却很少花时间去教会自己的员工如何进行自我介绍或引荐他人、如何记住他人的名字、如何提出问题、如何建立人际关系或如何完成新的工作或学习任务等。通常情况下，刚刚进入新环境的你，需要自己搞清楚并掌握这些关键技能。

与生俱来的社交恐惧

正如我们将在本书第三章中所看到的那样，在新社交环境下感到轻微的紧张是很正常的。有两个主要原因会导致我们在实践前文论述的五项关键技能时感到焦虑和紧张。其一，人类的遗传基因注定了我们在身处陌生的环境和人群中时会感到紧张；其二，幼年时期的安全教育教会我们对不熟悉的人产生恐惧和逃避心理。

从遗传角度上来讲，对新环境的焦虑是人类进化的遗留产物。对于生活在史前世界的远古祖先来说，遇到陌生人是既罕见又危险的情况。在那样一个世界里，被所属的群体排斥并放逐野外，在本质上等于被判死刑。因此，作为远古人类进化出的后代，我们在基因上有着对陌生人和陌生环境的天然恐惧和排斥。

然而，这种史前思维模式在现代社会中根本行不通。因为在现代社会中，我们的生活充满了与各类陌生人的交集。科学家们估计，在大部分的人类历史中，史前人类终其一生以“新人”的身份和状态出现的情况也只有寥寥几个特定时期，他们的交际圈最多也不会超过数百人。然而到了现代社会，我们时刻都有可能进入不同的新场合，并可能每年都会见到或结识数百甚至数千的新面孔。然而，即使相较于数千年前的情况，这些新情境已经不存在太多的危险，也不会危及性命。然而，我们在处理这些日常的新情况的时候，大脑依然会根据遗传而来的恐惧机制做出反应。

在我们的幼年时期，我们被教会了要警惕陌生人。一些人会观察、模仿和内化自己父母对于陌生人的焦虑和论断。一些人则会将陌生人的出现与遗弃关联起来，尤其是当我们的父母将我们交给完全陌生的保姆或日托服务人员时。而一些人可能因为童年时期的经历比较阴暗，或因为受过其他新认识的孩子或成年人的伤害，强化了天性中对陌生人的恐惧。

即便没有遭遇过这些极端情况，我们大多数人所接受的早期教育就是要对不认识的人充满恐惧和防范意识。我们在很小的时候就会被大人教导："不要跟陌生人讲话。"很多小孩被教育，在见到不熟悉的成年人时，尤其当独自一人且没有"安全"的成年人陪同的情况下与陌生人接近时，要大声喊出"不要！"并尽可能跑开。

然而，在我们长大成人之后，我们却忽然被要求去主动融入新的社交环境，结识陌生人并尝试新事物。讽刺的是，这意味着我们需要立刻转变心态，主动接触那些我们在孩童时期被要求远离或躲避的陌生成年人，并积极与他们互动交流。

刻意练习，实现进步

不管先天的基因和后天的教育让我们产生了什么样的思维定势，我们都可以克服自己的焦虑心理，并让自己在社交中更自信、更自在和更成功。但这意味着我们需要反复地进行刻意练习。因此在本书第四章里，我们将学到刻意练习的一个重要方法。我们可以反思自己在新环境中产生的恐惧和焦虑，并对比我们担心可能发生的状况与实际的情况，这样做能够帮助我们重新校准自己遗传了史前基因记忆的大脑，从而适应新时代。本书会提供大量的练习和问题，可以激发读者的想法，让各位不再盲目夸大对社会风险的预估，能够自如地进行自我介绍、自信地提出问题等社交行为。

减缓焦虑情绪和降低抗拒心理的另外一个方法，就是改善我们自身的表现。而只有通过专门的、有意识的练习才可能实现这个目标。你有没有想过，在成功地向数千人介绍过自己、记住过数百人的名字、提出过无数的问题、结交了很多的朋友之后，当我们又一次在新环境中执行这些最基本的技能的时候，为什么仍然感到尴尬和迟疑呢？原因就在于，我们过往的成功都是在无意识的情况下完成的，我们也从未花时间关注自己的表现，以期找到提高和改进的方法并实践全新的技巧。

因此，在本书中，我为每一项新的社交环境技能都提供了一系列的技巧和练习，以帮助诸位通过反复实践来有针对性地、有意识地分析和提高自己的表现。本书所提供的大部分技巧、练习和游戏都可以在日常生活中进行。在日常生活中，你几乎每天都要遇到新的陌生人并与之互动，因此你也有无数的机会可以实践、观察并优化和完善自己的技能。大多数这样的机会能让你能够在一个相对安全的、风险较低的环境中锤炼自己的技能。这会让你变得更具自信，并为自己最担忧的社交形势做更充足的准备。你只需要切实地付出时间和努力，就可以实现质的提升。

如何充分利用本书

我们将在第二章中了解自己在日常生活中遭遇新社交环境的频率，研究为什么适应新环境的技能提升能够给我们带来无穷的好处。在第三章中，我们将看到，人类的进化历史以及社会学习的过程为何会导致我们在新社交情境下产生焦虑和紧张情绪；在第四章中，你将了解到，为什么自我反思和刻意练习会成为提升前述五项新人技能的关键方法。

在接下来的五个章节中，我们将系统阐述以下五个高效社交的关键技能：

1. 自我介绍（第五章）；
2. 记忆人名（第六章）；
3. 提出问题（第七章）；
4. 建立全新人际关系（第八章）；
5. 自信展现自我（第九章）。

在每一章中，我们将着重研究：

- 为什么这些技能是高效社交的关键因素。
- 是什么导致了严重的压力和焦虑。
- 如何能够更好和更自如的应用这些技能。
- 如何寻找或创造实践的机会。

我的建议是，大家可以首先阅读各个技能的相关章节内容，掌握大概的知识，然后通过自我提问，确定自己是否在某个特定的技能上存在问题或困难，或发现自己在新社交情境下产生焦虑情绪的主要根源。然后在接下来的几天内，有意识地观察和反思自己在新情势下的表现和产生的相关情绪。基于自己的发现，你可以确定，应该首先解决哪个特定技能的问题。你也可以自由选择应首先着手的章节和技能，只要你：

- 认为它可以给你带来最“事半功倍”的整体提升效果。
- 觉得立刻开始思考或练习让你感到最舒适自在。
- 认为在未来几周内实践它的机会最多。

当然，你也可以选择按照本书的结构按顺序了解和解决相关的问题。只要你能确保进行反思和刻意练习，先后顺序的选择无关紧要。

最后，快速适应新环境的关键就在于，不要再将社交环境的转变看成是一件可怕或不得不忍受的事情，而应将其视为一个有趣的挑战。因为你可以通过反思和刻意练习，从中学到新的东西，并实现自我的提高和进步。

第二章
换多少次环境都不嫌多
——高效社交才能快速融入新环境

你总是会发现自己处在新环境下，而且，几乎每一次，你都需要介绍自己、记住别人的名字、提出问题、建立新的人际关系（无论有多么短暂），并在自己不熟悉的人面前展示新学到的东西。

如果你在完成所有这些事情的时候感到轻微的紧张和焦虑，其实是一件好事。因为，当你感到紧张时，大脑会分泌少量肾上腺素流经你的身体，有助于保持注意力的集中和警觉。但是，过度焦虑可能会导致你出现如下问题：

- 表现不佳。
- 无法享受体验的过程。
- 逃避此后出现的新情况。

如果你觉得自己在环境中的紧张程度已经超出了正常范围，那么，你还会期待再度体验这种紧张的经历吗？

社交考验从出生就已开始

我们作为人类的一员，人生的第一个角色就是成为这个世界的“新人”。我们从母亲的子宫经历漫长的努力后，降生到这个世界，在看到第一缕光线的那一刻，围绕在我们身边的其实就是一群陌生人。首先，我们对于家庭来说是一个新成员，并从此与我们的父母和兄弟姐妹开始建立了终生的人际关系。然后，我们很快成为日托机构、儿科医生的办公室以及游乐场的“新人”。同时对于我们的家人、朋友、亲戚和其他孩子来说也同样是新加入者——事实上，无论我们的父母将我们带到什么地方，对我们来说都是全新的环境。

然后，我们开始上学。我们在经历一系列无休止的新教室、新同学、新老师以及新的课后和课外活动、社团、乐队、戏剧团体、俱乐部、夏令营以及童子军的过程中不断地发展和成长。我们也可能开始兼职，并面临着和同事打交道的任务以及全新的角色和职责。

通过这些人生早期的经验，我们开始逐渐培养自己在适应新环境的技能方面的能力和信心。当然，也有早熟的孩子，在四岁的时候就可以大胆而自信地向所有人介绍自己——无论对方是邻居家的小孩、自己的老师、医生、还是停车场的服务员，甚至是流浪者。但是对于大多数人来说，自我介绍的学习过程往往始于相对紧张的体验。并且无论我们经过多少次实践，在下一次自我介绍时还是无法完全摒弃自己的紧张感和尴尬感。不过，我们很快会发现，自我介绍是结交朋友和获得新群体认可的关键第一步。我们在孩童时期对自我介绍的理解和体验，塑造了我们在接下来的人生阶段里对自我介绍的看法和感受。

同样的道理适用于社交的其他方面。当我们年幼时，我们可以轻松而幸福地与他人互动，因为我们无须关心自己是否正确记住了其他孩子的名字。但随着年龄的增长，记不住他人的名字会让我们感到越来越尴尬。从学前班开始，我们就开始学习如何提问（举手示意！）但是我们很快会发现，这个方法在教室以外的地方并不适用。我们上过任何关于交朋友的课，但是，通过不断的试错来获得某种特定程度的自在和自信，让我们可以与同龄人建立交往关系。

学校本质上就是一个迫使我们尝试全新事物，并让我们不断感到尴尬的地方——我们要上音乐和艺术课，参加拼字比赛，还有完成那些必须站在讲台前面汇报的读书报告——我们的观众往往是我们不熟悉的教师和同班同学。但是所有这一切的尴尬，跟我们被强迫装扮成一朵花、一个字母、一个历史角色，然后像笨拙的鸭子一般被赶到舞台上，面对完全陌生的成年观众，然后按照规定唱歌或演说一些让我们显得可爱的东西，好让我们的父母可以在观看表演的同时像狂热的狗仔队一样用相机闪光灯来亮瞎我们的眼睛的经历相比，不过是小巫见大巫。当然，所有这些经历很少不会留下任何心理阴影，也很少会让我们从此对新环境或新任务感到紧张，不是吗？

当我们进入青春期，开始意识到爱情和性的吸引力，“新社交环境”就具备了全新的意义并包含更高的社会风险。我们极力装作既聪明又浪漫，因为这样就可以成功邀请对方出来约会，而且我们生怕在约会时说错话。当然，高中生也需要面对一系列独特的新环境问题：需要认识新同学、新老师、新学科和新活动。

如果我们成功考入大学，我们就需要面对新教授、新同学和新室友；兄弟会、姐妹会、运动对和学生社团等新环境。我们可能会出国学习和旅游、开始暑期工作、或在新的组织和单位中实习。当我们从大学毕业时，我们已经身经百战，经历了无数次的社交新环境；而一旦我们开始接受自己人生第一份全职工作，这就意味着我们还将面临成千上万次新人情境的考验。

一辈子换多少次工作才叫多

典型的美国上班族在48岁之前至少有过11次在不同机构中作为“新人”的经历，而到退休之前，还将经历数次新环境的考验。企业和单位的每次重组、兼并、收购和裁员往往都会迫使我们重新开始职业旅程。事实上，我们可以肯定地说，即便你从不主动换工作，在你的职业生涯中，你也将经历数十次的职场新环境考验，而且这还不包括所有那些必须参加的委员会、工作组以及其他特设工作组，还有内部会议、培训计划和公司聚会等类似会让我们暂时处于全新的社会环境中的集体活动。每一次进入社交新环境，都要求我们向周围的人介绍自己、记住他们的名字、提出问题、建立人际关系，并在相对陌生的人面前扮演好自己在新团体中的新角色。

事实上，你将经历的社交新环境还要更多。如果你现在是全职工作状态，在过去的几个月中，你曾经多少次拜访一个新消费者、新客户、新供应商或者政府部门？顾问和独立承包商经常需要每隔几个月就接触新客户或组织，并与之开展业务；旅行推销员则每周需要拜访新的或潜在的客户；收费的商业管道工、电工以及其他“行业”自由从业者则每天都要面对临时确定的新工作场所。毫无疑问，这些新环境与加入一个新公司的感觉和意义必然差异巨大，因为在上述情况下，我们并没有开始从事一份新工作、或开始跟随一个新老板、或换一个隔间开始新工作。但在所有这些新环境下，我们都需要介绍自己、记住他人的名字、提出问题、建立人际关系（哪怕十分短暂），然后在新认识的人面前完成我们的工作。更重要的是，我们在这些情境中的工作状态和表现将对我们整体的印象和工作效率产生巨大的影响。那么我们如果没能很好地施展高效社交的五项技能，我们还能够成功签订销售协议、让我们的客户感到满意，或签下一个新的供货商吗？

最后，在待岗求职期间，每当你参加社交活动或招聘会时，你都是在进入一个社交新环境。无论你曾拥有多少年的工作经验，在每一次的工作面试时，也同样是个后来者。那么，什么样的人会被成功录用呢？他们应当做到：

1. 能够自信地介绍自己，并能记住招聘人员、面试人员和未来同事的名字；

2. 能够提出深思熟虑的问题；

3. 能够与所有打过交道的人建立亲切又积极的人际关系；

4. 能够在面试和技能测试中呈现出自己可以满足工作需求的能力。

我希望，阅读到这里的诸位读者现在能够了解，无论你从事什么类型的工作，无时无刻都要面对社交新环境，而你在新环境中的表现优劣（自信程度高低）将对你最终的工作表现和满意度产生巨大的影响。

你怀疑自己“社交无能”吗

美国人口普查局调查结果显示，美国公民平均每四年就会换一个地方居住和生活，并且一人一生中搬家的次数预计可达到11次。每一次搬家，就意味着他们成为街区、公寓楼和公寓联排楼里的新人。我们加入新的健身俱乐部和社区组织，把我们的孩子送入新的学校；我们在新住处周围寻找杂货店、餐馆、干洗店，成为他们的新客户；我们也将成为其他提供服务或商品以缓解我们繁忙生活和工作节奏的店铺或组织的新客户。我们还需要找到新的医生、牙医、园艺工人和管道工，并与之建立全新的服务关系。

仅仅是搬家这么一个简单的举动，就将让你面临几十种不同的社交新环境。如果你没能在入住后的几天或几周内及时向自己的新邻居介绍自己，那么，拖得越久，这种初次见面式的自我介绍就变得越尴尬和难以启齿。无数的新面孔和新名字如潮水般涌来，你不得不努力确保人和名字能够对得上。你必须要提出无数的问题，才能够重新找到购买或获取那些你认为理所当然存在的日常商品和服务的渠道。而当你已经习惯了先前住所的日常活动行为规范或准则之后，在新环境里的每一次相遇或互动都有可能造成双方的尴尬，因为你可能无意识地违反了规则，并且言行举止也异于“当地人”默认的做法。

结婚或确定男女朋友关系则会引发一系列的社交考验。无论你是否已婚，你都将面临另外一个家庭的父母、兄弟姐妹、继父母家庭以及他们的叔叔、阿姨、表兄弟姐妹等。如果你有能力在未来的“婆家或岳父母”家面前成为一个表现良好的“新人”，那么你将获得无数的潜在益处。但如果这一段恋情并没有成功，你将在一段全新的恋情里再次经历类似的体验。

如果你即将或刚刚为人父母，那么你将成为产科医生、分娩教学班级、婴童店和产房面前的后来者。然后，你将成为儿科医生、日托中心、游乐场、学校和家长教师组织里的“新人”。你也将成为孩子们的游戏、实践、独奏会等各类活动的旁观者。通过陪伴孩子参加各项活动，你会见到其他的家长，并与这些家庭建立全新的人际关系，而且你的人际关系网的构成将迅速从单身人士群体转移到已婚已育群体。你会发现，孩子越多，要面对的新环境也就越多。然后，你会再一次发现，所有本书阐述的适应新环境技能，将在你成为一个合群的、知情的和专注的家长之后再次发挥巨大的作用。

皮尤在线调研（Pew Internet Research）的结果显示，约75%的美国成年人在工作之外的群体中十分积极，并且每人每周平均花费超过6小时，积极参与3.5个左右社团或组织的活动。约40%的美国人会参与教堂或其他宗教组织的活动，而剩下60%的美国人则会积极参与其他一系列不同种类社团和组织的活动，从体育俱乐部到娱乐联盟，到慈善和志愿者组织，还包括社会和社区团体、互助团体和政治团体等。随着我们个人的兴趣爱好、机遇和位置的变化，我们将不断地加入和退出多达几十种不同类型的组织和机构。而每项高效社交技能的掌握都决定了我们是否能够成为团体中融合度和参与度都很高的成员，也决定了我们可以从团体的活动中获得多大程度的满足感和乐趣。

新的爱好和追求则是社交新环境的另一重要来源。如果我们参加了兴趣班，那么对于教师和同学来说我们就是“新人”。绘画、园艺、缝纫和摄影等都普遍有爱好者联盟，并涉及一系列独有的新技术和技巧以及全新的社交圈子。

体育运动也有着自成体系的规则、设备、技术以及从初学者到专家的独有学习路径。例如，如果我们决定要学会滑雪，那么滑雪胜地、滑雪设备出租店、滑雪课程、滑雪缆车以及其他滑雪者，对我们都构成了社交新环境。我们在这些新人场景下的思维和行为都将具有至关重要的意义。不幸的是，美国国家滑雪区协会估计，85%以上的滑雪初学者再也没有回到滑雪场地上。我觉得，这背后的原因可能是，初学滑雪所承受的社交压力和焦虑已经超过了他们从滑雪过程中所获得的乐趣和享受。

在假期和旅行中，我们会发现自己处于各种各样的社交新环境。旅行本身就可以使我们成为陌生城市、道路和交通系统的“新人”，并使我们成为临时组建的旅行团和其他游客面前的新成员。而在这个时候，高效社交也将发挥重要作用。例如，如果你是首次参加游轮旅行，那么你很有可能需要向同行的其他乘客和旅游服务人员介绍自己，即便大多数人对你记住他们名字并不抱太大希望，那些与你互动最为频繁的同行者依然期待你能够记住他们的名字。关于旅行的规划和旅途中的安排，你将有很多问题要问。尽管在船上会尽可能避免社交，大多数参加游轮旅行的人仍然会很享受在旅途中认识几个投缘的游客和游轮成员的体验。最后，在船上，你必须学会掌握港口停靠和自助游览的程序和规划。尽管参加游轮旅行比工作场合的社会风险要低，我们仍会遭遇很多可能会导致焦虑和不自在情绪的社交新情境，并需要我们运用高效社交的五项技能来妥善解决。

现在开始，一点不晚

无论你是否愿意承认或接受，我们在一生中将无可避免的经历无数次的社交新环境。其中一些可能是暂时性的，不会造成很严重的后果，例如跟陌生人挤同一部电梯，或在新开的熟食店同陌生人一起排队。但是，一些新环境可能会涉及熟悉的任务和不熟悉的人，例如在一个陌生的城市的麦当劳餐厅同一大群陌生人一起用餐；另一些情况则可能涉及熟悉的人和不熟悉的任务，例如和家人来一场漂流。

当然，并不是每个社交新环境都会要求你执行前述五项技能。在不熟悉的商店里，你可能需要向陌生的销售人员介绍自己并提出问题，但你无须记住他们的名字，也不需要同收银员建立人际关系。

当你观看体育赛事或乐队的演唱会时，身边可能坐满了陌生人。但在这种场合里，你无须介绍自己或记住他人的名字，但你仍然可能需要提出一些问题，并且周围的人也期待你的言行符合他们对粉丝或音乐会听众的合理预期。

回想一下，自己在过去几个月中曾经历的社交新环境。你有多少次向陌生人介绍自己？有多少次尝试记住对方的名字？多少次向陌生人提出问题？多少次试图与刚刚认识的人进行交谈？多少次尝试完成全新的任务？正如前文所述，所有这些社交技能都不是我们可以从学校课堂中学会的内容，它们也不是入职培训的重点。尽管老板们都渴求和重视那些可以迅速上手新工作的员工，然而公司和组织机构往往很少花时间真正地教会这些人如何进行自我介绍、记住他人的名字、提出问题、发展人际关系以及学会完成新的工作任务。大多数情况下，我们需要通过自己的努力来掌握这些技能和方法。所以，我们希望诸位此时能够意识到，努力学会和完善本书中探讨的五项技能，将让你在未来再度遭遇社交新环境时变得更高效，压力也更小。

我们可能无数次遗憾或后悔过，有时候是因为我们做了一些不该做的事情，但很多时候，是因为没有完成本应该完成的事情。例如，我们没有把握住机会，或没能发展一段人际关系等。当选择的机遇来临时，我们有多少人眼睁睁地错过了这些机会，只是因为我们羞于向陌生人介绍自己、提出问题、建立人际关系，或勇敢地承认自己是个新手？你在未来的人生中，还想要经历多少次类似的后悔和遗憾？

好消息是，大多数这些在未来可能会出现的社交新环境（无论是你突然发现自己遭遇的情况或是主动寻求改变而引发的情况），都将提供理想的机遇，让你可以实践和完善在陌生人面前展现自我的能力和信心。在其中一些社交新环境里，尤其是那些可能具备深远意义和后果的新环境，例如新工作、新学校、新团体等，你将会发现，良好的表现至关重要。在其他一些后果和影响都较为轻微的暂时性情况下，例如你很可能再也不会遭遇某个人时，你就可以实践从本书中学到的技能，因为你知道，任何的错误或失败所导致的后果，也不过是暂时的尴尬和紧张情绪，社交后果往往很轻微。但是，在我们深入探讨每一个高效社交的技能，并学习如何完善自己，让人际交往变得更愉悦之前，我们首先要搞清楚社交新情境会导致我们感到焦虑的原因。所以，继续阅读吧！

第三章

我为什么不敢张口
——社交恐惧的科学原理

在本章中我们将探讨，为何社交新环境会导致我们感到紧张和不舒服？我们将特别探讨下列问题：

- 人类是如何进化出对陌生人的紧张感的。
- 儿童是如何学会对不熟悉的人感到恐惧和躲避的。
- 在与陌生人的互动已经变得十分普遍和安全的现代社会中，这些紧张感为什么反而会导致效率低下。

本章的终极目标，就是让诸位读者相信：在新环境下感到轻微的焦虑和紧张是正常且有益的（在接下来的章节中我们将提供解决过度焦虑的方法和技巧）。

明明很成功，却依然会紧张

我们可能一生都在不断遇到新环境。每当我们换工作、搬到新社区、开始新课程，或加入新的俱乐部时，我们就会发现，身边都是陌生人和不熟悉的社交环境。大多数人在一生中可能已经经历了数百次甚至数千次的社交新环境体验，并且在未来可能还将经历更多。所有接受我采访的人中，大多数人都较为成功地融入了新环境。有时，我们可能会真的感到难堪，或者发现自己被陌生人冷落，也曾有那么一两次的遭遇，让我们发现自己正面临真正的危险，但是，在大多数情况下，我们的体验都相对愉悦。有时候，这些体验可能好得令人难以置信，甚至会改变我们的人生。大多数的社交新环境体验是平安无事甚至是转瞬即忘的。通常情况下，这些体验相当不错，而我们也很少后悔让自己经历这些全新的体验。

在积累了这么多积极正面的体验之后，你可能理所当然地认为自己已经掌握了自在又自信地应对所有社交新情势的秘诀。但事实上，我所采访的大多数人在新环境里仍会感到一定程度的焦虑和紧张，哪怕过往的经历早已证明，当时那些紧张是完全没必要的。

为什么我们过去积累的经验无法应用到下一个社交新环境中？为什么我们依然会感到恐惧？更确切地说，为什么我们仍然犹豫着：

- 不愿意主动接触不熟悉的人并介绍自己，即使我们能够同每一个熟悉的人热情地打招呼和互动？
- 不愿意向陌生人提一个问题，即使我们过去曾“打扰”过的大多数陌生人都十分热心地给自己提供了帮助？
- 不愿意在陌生的人群面前尝试新事物，即使我们的表现（以及他人相应的反馈或反应）都远远好于我们自己的预期？

我所采访的很多人都不明白，自己为什么依然会在社交新环境下感到紧张。例如，曾接受采访的一名MBA在读学生，描述了自己在主动接近陌生人并介绍自己时的犹豫和迟疑：

“当我不认识对方时，我很难说服自己主动去接触他们或提问。我通常都是被动地等着他们开始向我提问。”

我问她在害怕或担忧什么，她说：

“我也不清楚，也常常问自己同样的问题。我特别不适应，也不擅长在人际关系中采取主动，也很少主动开启对话。每当我尝试这么做的时候，总是忍不住地在脑海里反复回忆刚结束的对话，而且总能找到自己说错话的地方。”

社交新环境焦虑会影响创造力

光是想象自己需要踏入社交新环境，就会让我们感到紧张。社会心理学家理查德·莫兰和他的同事通过一个巧妙的实验证明了这一点。他们将五个互不认识的放到一个实验组。在小组成员第一次碰面之前，研究人员会随机选择两名受试者，并告诉他们说，除了他们俩之外，小组的其他成员已经在几周之前就相互来往了，整个小组只有他们两个人是新来的成员。

告诉这两人他们是“新人”这个简单的举动，完全改变了这两个人的表现。他们对即将到来的见面变得更紧张，也更缺乏自信。他们更倾向于认为，自己没有能力为小组做出贡献（作为参照对象，其他三位小组成员则明确知道，所有的成员都是新来者）。

其他研究人员则发现，当我们真正加入一个群体并开始互动后，“新人”的身份同样也会影响到我们的具体表现。人类学家丹尼森·纳什和阿尔文·沃尔夫将四个相互不认识的人放到一组，并要求他们通过小组集思广益，创造性地解读类似罗夏墨迹的几张图片。在看过图片的几分钟之后，他们随机从每个小组中抽调一个人，换到另外一个小组。尽管小组中的每个成员在解读墨迹方面有着同样的经验和时间，被转移到另外一个新小组的成员输出创意性解读的能力却开始降低。几分钟后，研究人员将被调走的小组成员再次调回原组，然后发现他们的创意输出又恢复了正常水平。

换句话说，突然进入社交新环境这一事实在某种程度上会抑制个人的创造力和表现水平。哪怕是解读墨迹这么简单的任务，并且是在群体所有成员解读的经验相同的情况下，初入新环境的人表现的也低于正常水平，即使他心里清楚地知道，自己新加入的团队组建时长也只有短短几分钟。

源自生存本能的恐惧心理

人类是两种进化的产物：生物进化形成了人类的大脑和身体，而文化进化则教会人类如何感知、思考并与他人互动。在漫长的人类历史进程中，大部分时期内，保持对陌生人的焦虑和警惕有极大的益处，因为这种焦虑和警惕能够帮助我们成功存活、繁衍生息。因此，人类在生物进化的过程中养成了对不熟悉人或事的天然紧张感。出于同样的原因，我们也同样进化出了对社会排斥和丧失群体中社会地位的天然恐惧。

对于原始人类群体而言，将对“陌生人的危险”的恐惧作为一种文化规范，也具备生存优势。因此，人类的文化演变过程也再次强化了人类天性中对陌生人的恐惧。即便在现代社会，我们在孩童时期也经常被教育：要对不熟悉的人抱有紧张感或警惕心理。

这些策略在人类发展的早期阶段十分有用，在当时，遭遇陌生人或进入新环境是罕见事件。史前人类很少遇到陌生人，也很少开始与很多人建立并维持人际关系。远古人类的社交圈十分狭窄，仅局限于他们熟悉的狩猎或采集团体。这样的群体往往由30到50名成员组成，最多再拓展到邻近群体中的其他几十号人。除了这些人之外，远古时期的人类在日常生活中接触的人际关系互动对象也不多。而且，由于远古时期养活一个人需要一大片自然地貌的供给，这些狩猎和采集小组的成员也居住在相距较远的距离，并且相互之间的联系相对松散。

进化生物学家罗宾·邓巴对早期人类的大脑和社会关系与人类的灵长类兄弟进行了比较研究。基于研究的结果，他估计，史前时代的人类，每个人一生中大概可以认识大约150人，并与他们维持相对松散的人际关系，而且一生中能够遇到的陌生人的总数应该不超过300～400个。而到了现代社会，大多数人每天在上班的路上就能遇到这么多数量的陌生人。

因此，早期人类鲜有机会接触新的社交环境。大多数史前人类从出生到成年到终老都生活在单一的狩猎或采集部落里，从来没有机会让自己身处一个完全陌生的群体中。其他一些史前人类也许只有在到了生育年龄时，才会加入新的群体，或在下列情况下进入新的社交环境：

- 自行离开所生存的群体以寻求或加入伴侣所在的群体（主要是避免与兄弟姐妹和近亲交配）。
- 被竞争对手排挤或逐出原有的群体。
- 被正在寻求理想婚配伴侣的其他群体盗走、俘获或诱惑，离开原有群体。

其结果是，这个进化过程几乎没有提供任何的激励，促使我们能够真正在社交新环境和陌生人面前感到舒适或自信。相较于狩猎、战斗和食物采集等关乎生存的核心技能，自我介绍和开启人际关系社交技能极少能得到应用，并且因为无关人类日常的生存大计而完全被忽略。从历史角度来看，相较于主动寻求新机遇和加入新群体来说，保持对陌生人的警惕并尽可能避免新环境能够极大确保存活机会，并有益于繁衍生息。

“不要和陌生人说话”的两个原因

时代早已不同，因此我们所面临的问题也十分严峻。我们天生遗传和后天习得的对陌生人的焦虑和警惕在原始社会时期益处大于弊端，但是到了现代社会则往往是弊大于利，因为我们身处一个陌生人环绕的时代。为了获得自己想要的成功和幸福，我们必须和不熟悉的人进行交往和互动。

自然选择的后果

尽管这个结论听起来有点过于武断，但人类进化过程中之所以能够产生焦虑和恐惧的机制，是因为这些情绪（及其触发的相关生理变化）能够帮助人类成功避免或应对威胁，以确保生存，并最终确保人类的繁衍生息。

大部分的人类历史都关乎人类与天和与人的抗争与竞争以谋求生存的经历，因为食物、住所或合适伴侣总是不足。因此往往只有那些最强壮、最强势的个体能够存活足够长的时间，并繁殖出同样强壮和强势的下一代，而他们的孩子也将继续将这些强势的基因，继续传递给子孙后代。因此，符合下列描述的其他人使得人们对其产生焦虑和恐惧感不足为奇：

- 可能伤害或杀死我们（或我们的孩子）。

● 可能占有我们的食物和住所（并导致我们饿死或因暴露野外而死亡）。

● 抢夺我们最希望得到的伴侣（并因此降低我们繁衍出最好的后代的机会）。

大多数的狩猎或采集群体很少遭遇不熟悉的人，尤其是那些不属于本部落的外人。而当他们遭遇这样的陌生人时，产生焦虑并保持侵略性，能够增加生存优势。因为在原始社会，类似的碰面往往意味着所遭遇的陌生人正在侵占你的领土（和资源）或你正在侵占对方的领土（和资源）。在那样一个资源稀缺的时代，对陌生人保持最糟糕的设想并采取相应的行动，往往是最明智的做法。

随着工具、服装和语言的发明，人类共同发展的文化有助于加强个体对所处群体成员的积极和忠诚的情感，并发展出对其他群体，尤其是那些不熟悉群体的谨慎和敌对情绪。一位研究人员称，人类在发展的过程中学会了“欣赏和善待那些语言、服装和行为都与自己类似的人，并对其他不同的人保持怀疑态度”。纵观历史，这种对陌生人和后来者产生恐惧的文化有时候会演变成歧视和仇外心理，甚至有时导致种族奴役或屠杀。

虽然现代人的生存形式已经不再是原始时期的狩猎和采集群体，我们现代人仍保留了人类祖先对陌生人的恐惧感。据儿童发展专家表示，这是人类天生的特质。研究人员发现，婴儿在2～4个月大的时候就开始能够区分熟悉和不熟悉的人，而等到六个月大时，婴儿就已经开始表现出对陌生人的焦虑。此外，科学家的研究发现，几乎没有什么证据可以表明，六个月大的婴儿所体现的这种对陌生人的恐惧是通过早期的经验获得或父母身上习得的。

无论我们对陌生人的这种恐惧感是先天继承还是后天习得，大部分的儿童面对不熟悉的人，尤其是陌生的成年人时，都会表现出一定程度的紧张感。而在现代社会，家长和教师也在教育过程中不断地通过言传身教来强化儿童对于不熟悉人的恐惧和逃避。自20世纪60年代起，学校的教育课程和电视里的公益广告就开始警告儿童要注意“陌生人的危险”并强调儿童需要避免与不熟悉的成年人交流，以确保自己不会被引诱到存在危险的地方。

尽管这个建议在一般情况下是明智的，但研究人员发现，大多数儿童通常将这个建议理解为“永远不要跟陌生人说话”或“所有的陌生人都是坏人”，并因此在需要帮助的时候拒绝向陌生人求助。

在2005年，年仅11岁的童子军布伦南·霍金斯（Brennan Hawkins）在一次野营旅行中走丢了四天之后才被找到。但据他的父母描述，他之所以四天之后才获救是因为他主动躲避了可能的救助者。他的母亲告诉记者：“在等待救援的时候，孩子的心里交织着两个矛盾的想法，”她说，“他爸爸总是告诉他如果走丢了，一定不要离开主干道。所以他走丢之后一直待在主干道上。但我们又一直教育他不要跟陌生人讲话，所以当有越野车或马车经过时，他就离开主干道，然后等这些陌生人经过之后，他再回到主干道。后来他告诉我，他最害怕的就是这些人会把他偷走。”

社会分层的结果

在人类尚未出现在地球上之前，其他物种已经发现，以群体形式生存和协作可以提供生存和繁殖的优势。群体中的个体能够互相帮助，达到下列目的：

- 狩猎和找到食物。

- 建立和维护住所。
- 保持警惕并逃避或应对天敌。
- 保护和养育年幼的个体。
- 保护所属群体的个体和资源不受其他群体的侵害。

事实上，群体所提供的生存和繁殖优势如此明显，以至于人类已经进化出对被群体排斥的恐惧心理。尽管我们无法确切地了解原始时期被群体排斥的危险到底有多大，但我们还是可以通过观察人类的灵长类亲戚来进行推断。例如，当雄性猕猴离开或被所属的群体排斥后，其中半数无法存活到被一个新群体接受和容纳。一些雄性猕猴在寻找其他猕猴群体的过程中要么死于天敌的捕杀，要么死于饥饿。而另外一些则在尝试融入新群体的过程中被其他既定成员伤害或杀害。无论是哪种情况，当个体被所属群体排斥并只能依靠自己在旷野生存时，它的存活几率将大大降低。

到了现代社会，被一个群体排斥并不会导致你陷入致命的危险，但现代人类仍继承了祖先对维持归属感的本能欲望和对被排斥的天然恐惧。这种对社会排斥的焦虑可能是早期童年经历的后天习得结果，尤其是当你经历过：

- 被游戏团体排斥。
- 运动队选人时是最后一个被选择的。
- 未被邀请参加派对和社交活动。

尽管现代社会中的群体排斥不会造成生命危险，但我们对它的恐惧丝毫不亚于我们生活在洞穴中的远古祖先。尽管群体生活的方式会给予个体生存优势，但在群体内，不同个体之间仍会开展对食物、住所和繁衍伴侣的内部竞争。通常情况下，这种内部竞争会演变成暴力冲突并导致个体之间在争夺资源的过程中最终伤害或杀死对方。不幸的是，这种战斗造成的内部伤害同样会危及整个群体的生存机会。

因此，人类和其他物种也同样进化出了创造和维持一种被研究人员称为“社会等级地位”的体系的能力。该体系确立后，群体成员就发展出了相对一致的意见：哪个成员强大，而哪个成员不是。成员不再持续为了权力和统治权进行内部争斗。那些权力最大或地位最高的成员可以优先选择食物、住所和交配的伴侣，而那些地位较低的成员则需要耐心等候轮到自己再进行选择并接受所剩的资源。群体内部依然存在相互竞争，但在角逐出哪个成员才是最强大和最有权力的之后，竞争对手之间的争斗就会停止。

随着时间的推移，我们也进化出一种对于我们个人在群体中相对固定的地位的天然敏锐性以及我们对丧失所属地位（及其相对的对食物、住所和交配伴侣的选择）的恐惧。在下列情况下，我们会尤为担忧自己会丧失所拥有的社会地位，即：

- 我们新进入一个群体，并且我们在群体中的地位尚不明确。
- 我们所属群体的新加入者威胁到了我们目前的地位。
- 我们遭遇了陌生人，并本能地感到确立自己社会地位的需求出现了变化。

社会地位的等级在现代社会中显然体现和运作得十分明显，因为社会中那些处于顶端和最高地位阶层的人依然能够获得所有事物中最大和最好的份额。大多数人对社会地位争夺的初体验发生在游戏操场上，然后类似的争夺会延续到教室、运动队、友谊团体以及职场之中。而我们在这些早期对社会地位的争夺中的成功或失败经历，在很大程度上也决定了我们成年后在新形势下遭遇社会地位更迭时的敏感和焦虑程度。

我们所面临的挑战就是，对丧失社会地位的天然焦虑往往超出了理性的范围，无论是我们对这种情况发生的忧虑还是对其发生后可能造成的后果和影响的担忧。我们从远古的祖先身上遗传了对社会地位的敏感度和焦虑性，因为在史前时期，社会地位的丧失或较低的社会地位往往意味着饥饿和死亡。在现代社会中，丧失社会地位尽管并非好事，但至少不再存在致命的风险。

因此在接下来的章节中，我们将探讨为何人类天性中残留的对陌生人、群体排斥和社会地位丧失的恐惧会导致我们不愿意自我介绍、提出问题、开启人际关系和在陌生人面前表现自我等尝试。

人类进化还不足以从容适应现代社交节奏

大约在一万年前，人类终于发现，停留在一个固定的地点种植农作物和饲养牲畜是比外出觅食更好的生存策略。因为农业的发展可以确保同一区域内更多人口的存活，人口的密度迅速增加且人们也开始与其他人见面和交往，所涉及的人数远远多于自己的祖先。

新技术和交通的发展进步让不同社区可以与更遥远的部落交易食品、工具等贵重物品，这就增加了接触陌生人的机会。劳动力分工的好处也使得人们更专注于某些技能和行业，并在新社区产生对某种特定技能的需求时，促使迁移的出现。

在接下来的几千年里（如果按照进化的标准来看，也就是一眨眼的时间），人类发明并建立了城邦、贸易路线、区域经济、常备军队、政府、学校、教堂和其他机构组织。所有的变革急剧地增加了人们遭遇陌生人和发现进入新社交环境的可能性和几率。尽管如此，在19世纪时期，大部分人的生活状态仍是农场或小村落，偶尔会遇到陌生人，且一生之中接触社交新环境的次数也不过几次。

但工业革命改变了一切。它迫使成千上万的人涌入人口密集的城市，在那里他们将时刻身处陌生人的包围之中。离开了农场和小手工艺商店的人成为了工厂、企业和其他雇佣了数百甚至上千工人的组织的新人员工。

城市居民开始在商店、酒吧、餐厅、剧院等场所消费的过程中与无数的陌生人展开社交互动。人们开始频繁成为学校、俱乐部和志愿者组织的后来者；而汽车、火车和地铁等交通工具，则让那些每天乘坐公共交通工具上班、上学和开展休闲娱乐活动的人能每天接触到成百上千的陌生人；轮船和飞机则让旅行和移居到遥远的城市成为了可能，并让每个参与者都成为了异域文化和区域的新人；互联网的出现则让我们能与地球上任何人见面，并让我们进入无数个虚拟的新社交环境中。

融入社交新环境的风险比以往任何时候更小，更重要的是，与陌生人见面和加入新群体的遗传风险也已经发生了巨大的变化。在我们每天日常的工作和生活中，我们所遭遇和互动的大多数陌生人都不会侵占我们的领土或试图抢夺我们的食物、住所或繁衍的伴侣。他们大多数人都不具备竞争性的威胁，反而会十分友好并乐于提供帮助。

同样，在现代社会中，进入新的社交环境最糟糕的情况不过是暂时的尴尬。即便我们发现自己被一个群体排斥或自己身处较低的社会地位，我们总是可以尝试加入其他群体。尽管这样，我们依然继承了远古祖先对陌生人的焦虑和对新环境的紧张。

我的一位受访者这样描述自己对社交新环境的反应："肾上腺素的急剧分泌事实上是一种生存响应，因为我意识到，自己身处一个无法控制的情况，从而产生了恐惧。事实上，我感觉自己回到了食物链的底端。"

哪怕现代文明和全球化经济已经极大地增强了我们与陌生人沟通合作的能力，我们依然没能很好地处理各类社交新环境。我们的身体和文化都没能为适应现代社会的需求而充分发展。正如进化心理学家保罗·西布莱特所说的那样：

"现代社会是一场机会主义的实验。其建立的人类心理基础，在人类能够系统性地与陌生人打交道之前，就已经演化完毕。"

同时期的进化心理学家和研究员罗伯特·赖特也意识到了人类的进化历史和现代生活需求之间的不匹配：

"我们的进化并没能使我们很好地适应站在拥挤的地铁站台或生活在一个从未与隔壁邻居交谈的社区之中，或适应被录用和被解雇，或独自通过收看晚间新闻的了解信息的生活状态。人类的生理和心理构造与现代生活之间的脱节或许是造成大多数精神病理的原因，同时也是造成其他轻微心理煎熬和困境的根源。"

幸运的是，我们总是可以找到办法帮助你克服对周围陌生人和社交新形势的天然焦虑，让你在新环境中更自在和自信。刻意的反思和练习能够帮助你更好地开展自我介绍、记住他人的名字、提出问题、拓展人脉和在不熟悉的人面前更好地展示自我。

第四章

摆脱过去的影响

——高效社交的思考和刻意练习

在本章中，我们将探讨为何过去的积极经验并不能让你充分而自如地去适应社交新形势。我们将着重探索以下内容：

- 如何调整先天遗传心理和后天习得的焦虑，以适应21世纪常见的社交现实。
- 为何思考和刻意练习对高效社交至关重要。
- 如何克服负面行为模式和心态的阻碍，更高效地进行社交。
- 可用于练习和提高自己社交技能的诸多策略。

看到这里，你应该不再惊讶于大多数人会有社交紧张这一事实了。那么我们要怎么解决这个问题呢？我们如何才能克服基因和文化所造成的困难，并开始更加成功、自信的高效社交？

跳出舒适区：不要让过去控制现在

只是读完这本书并不能让你在社交新环境中变得更优秀和更自信，你还需要做到下面两件事：

1. 想方设法找机会进行实践，并不断完善适应新环境必备的五项技能；

2. 有意识地反思自己在新环境下的表现，并调整自己的思维和心态，这样才不会在遭遇新形势的时候自动高估了所面临的社会风险。

你永远都无法完全消除新人的焦虑感。事实上，你也不应该完全消除这种紧张和焦虑，因为在社交新形势下，适度的谨慎是一件好事。但是，你可以通过刻意练习和反思来减缓焦虑的程度，接受依然存在的适度紧张感，并克服所有这些障碍，以寻求和迎接全新的体验，最终实现你所追求的成功和幸福。

迎难而上

为了明白反思和刻意练习的重要性，你首先需要理解，为何到目前积累的所有经验和“实践”都不足以让你自信、自在地开始新社交。在你过去的人生经历中，你可能已经体验过上百次社交新环境，并与成千上万的陌生人开展过互动。大多数的交流和互动都进展得比较顺利，你最糟糕的设想也极少发生。那么，在取得所有这些成功的经验之后，你为什么还是没能获得足够的经验，让你完全掌握适应新环境必备的五项技能，摆脱远古石器时代的老旧思维和心理模式，从而在面对新形势的时候，能够控制自己不要过度紧张和焦虑？

心理学家K·安德斯·爱立信和他的同事花了几十年时间探索人类表现背后的科学。他们试图了解，为什么有些人最终能够十分擅长某些事情，而其他人则似乎很快就陷入瓶颈期，永远无法实现超水平的发挥。在多年的研究中，他们观察了战斗机飞行员、运动员、音乐家、国际象棋大师以及高速盲打员等各行各业的人员。研究结果发现，大多数人在特定任务中达到某些合理且够用的表现水平之后，就开始越来越不关注自己的实际表现。最终，他们能够在不假思索的情况下机械地完成已经熟练掌握的任务，不再进行有意识的反思——但缺乏反思往往意味着他们无法继续提升自己的表现。

当我们出现被研究人员称为固定行为模式的现象时，上述情况就会自然而然地发生。为了简化我们的生活，我们的大脑会自行创建一些行为的既有模式，导致我们在特定情况下会自行运用这些模式，因此无须花费太多的时间和精力来思考正在进行的事情。例如，当我们早上醒来，我们会自动触发特定的刷牙模式，或以特定顺序阅读报纸的模式。而在我们一天的生活和工作之中，我们上班上班、查收邮件、享用午餐等行为都已经具备了特定的模式和计划。

此外，我们的大脑创建了人际交往和互动的特定模式，包括应对社交新环境的模式。回忆一下，你在踏入一个几乎都是陌生人的派对或社交活动时会做些什么。一些人会自动寻求主办者或其他热情的人士的帮助，并且在一开始的时候只跟自己已经熟知的人互动和交往；而一些人则会直奔自助餐饮台，因为他们不想成为整个场合中唯一没拿着杯子的怪咖。在我们与新结识的人交往时，一些人会主动接近对方，而一些人则会被动等候对方的接触。在大多数情况下，我们会不假思索地触发既定的行为模式，而随着时间的推移，这些行为模式将毫无疑问地发展成为我们的习惯。

完善自我，意味着改变既定的模式，并打破旧习惯。通过采访那些成功克服自己对新环境的焦虑，并在社交新形势下游刃有余的人士，我发现，在大多数情况下，高效社交要求特定的准备和演练，这将迫使这些人不断地锤炼自己的技能，并重新调整自己在社交新环境下可能取得的成就的预期。

我的一位受访者将自己的性格描述为害羞和内向。下面这段表述是他对自己在曾参加的一次派对中的经历描述：

“当我还是八年级学生的时候，我去参加了一个成员都是九年级学生的社会活动。我不认识任何人。于是走进聚会现场之后，我直接走到最角落的地方，然后站在那里盯着一个书架，呆站了整整三个小时。整个现场大概有三十个人的样子。一个比我年长一岁的哥们邀请了我，我当时觉得自己能搞定这件事情。但是到了现场，我的哥们自己忙活去了，也没有给我做介绍什么的。这是一场结果异常糟糕的社交考验。而且我自己从小就对新环境不太适应，不太会跟人交往和互动。只要在场的陌生人超过三个，我就会特别紧张。所以当时我彻底蒙了。”

而在大学毕业之后，考验他社交能力的关键时刻就来临了，因为他成为了一家金融服务公司的销售人员：

“当我告诉父母我需要每天打五个小时的电话进行销售时，他们说‘孩子，我们身为你的父母，都没办法理解你在电话里讲的东西，因为你总是含糊不清地嘟哝。你怎么能够做电话销售呢？’我接受这份工作不过是因为它得来全不费功夫。找工作时我也不知道自己想做什么，而这家公司又十分不错，所以我接受了它的合约。这是一个漫长的成长过程，但我成功地克服了所有困难。这份工作逼着我不断地完善自己的社交技能……虽然私底下我依然是一个内向的人，但我在工作时能够十分专业地沟通和交往。不过这需要大量的练习。”

我问他，他的销售工作如何让他更为从容自在地高效社交，他说：

“因为工作的缘故，我不得不跟很多人交流，并试图建立融洽的人际关系。这份工作让人精疲力竭，因为它总是迫使你不断地开展互动。如果我的某次电话销售进展的不顺利，或是直接被人挂掉电话，我就会再次拨打。在我意识到这是个概率游戏之后，我就不再因为被拒绝而感到受伤了。我学会了不将这些拒绝当成是个人的失败，并随即克服了自己对于被拒绝这个事实的排斥和抗拒。因为你最终会明白，即便这些人拒绝了你，你的人生也不会因此发生多大的改变。”

这份电话销售工作不仅仅让他有了大量的实践机会，不断完善自己的社交技能，同时也帮助他重新调整自己的心态，让他不再把与陌生人的见面和交往当成是一件高风险的事情。

我的另一位受访者也成功地将自己转化为他人眼中的社交高手。他说：

“事实上，我是一个特别害羞和内向的人。我觉得我比自己身边的朋友更内向。如果有一张从1到10的外向性格评分表，当我的朋友们给我打6分的及格分时，我可能只给自己打2分或3分。”

而他的关键转变时刻出现在他去往巴西进行摩门教拜访的旅途中。这是摩门教派的一个传统：当摩门教徒们从高中毕业后，大部分人会在接受训练后派遣到世界的某个地方进行教义传播，这就意味着他们需要进入不同的社区，一家一户地去拜访和交谈。可以想象，这样的经历将提供大量的机会让参与者们反复锤炼自己的应对新环境的技能，如自我介绍、提出问题、开启人际关系和在陌生人面前尝试完成任务等。所有这些经历不仅帮助他改进了自己的这些技能，还帮助他调整了自己的心态，让他不再恐惧与陌生人的交流，也不再担忧社会排斥的风险。

“我的妻子说，我是（派对上）特别可靠的大本营，因为我不害怕与新结识的人进行交往。毕竟，在见过两三千陌生人并且被无数次拒绝之后，跟陌生人打交道这些事儿就变得简单多了。尽管我希望自己不要被拒绝，但我一直告诉自己，如果我要接触一百个人，那么我的目标就是与其中四到五个真正不错的人建立关系，并且为他们提供帮助。我推翻了社会排斥的既有定义，并调整了我的预期。”

但他依然惊讶于自己愿意搬到新地方和让自己主动接触社交新环境这一事实：

“对于很多事情，我已经不再感到恐惧和担心……我在费城呆过两年；在巴西呆了四个月；在波士顿呆了四年（这是我有史以来在同一个地方呆的最长的时间）；这种现象本身就挺奇怪。但我能够接受不断地搬家，去寻找最好的机会……在从事传教任务之前，我是个害羞和胆怯的人。而且我敢打赌，如果没有这个任务的机会和锻炼，我现在肯定生活在老家方圆15公里以内的地方。”

避免心理模型的陷阱

除了形成行为模式，我们同时还会发展出应对社交新环境的心理模型，以帮助我们预测在遭遇不熟悉的人和人群并与之开展互动时可能发生的情况。

我们所养成的部分心理模型源自我们天生的本能，或源自于我们的父母和远古祖先所遗传的特质；其他部分则由我们早期的童年经历和我们从教师和父母身上后天习得的经验造成。

无论成因如何，我们关于社交新环境的心理模式都会随着时间的推移而不断趋于稳定和固化。我们最终会习得，并往往下意识地对陌生人和新群体在下列事项上的反应形成一系列毋庸置疑的假设和预期；即：

- 他们如何对我们主动的接触做出反应。
- 他们如何回应我们提出的问题和要求。
- 他们将对我们产生怎样的第一印象。
- 他们是否欢迎并接纳我们。

我曾经采访过的一位女士在高中时期非常内向和害羞："如果跟我关系特别好的朋友不去派对的话，我自己绝对不去。而且在派对的现场，我只跟这些朋友交流。我从不跟任何陌生人讲话，也绝对不会主动跟新结识的人交流。"而促使她发生转变的，是她在高三时期的海外求学经历：

"这段经历改变了我的人生！我当时去了西班牙，因为我会说西班牙语，并且认为自己的语言能力相当不错，而且我也跟所有人宣布过，要在上大学时选择西班牙语专业。我特别想要流利地掌握西班牙语，所以我咬咬牙逼着自己去进步。虽然觉得一年的学习时间有点长，我还是强迫自己去尝试。在出发前一周，我不断地告诉自己我肯定不会登上飞往西班牙的飞机。不管怎样我最后还是出发了。"

一开始，她特别抗拒用西班牙语和同陌生人交流。几周之后，她的寄宿房东要求她坐下来，然后直言不讳地告诉她："这样行不通。你必须要开始说话。如果你总是不跟任何人讲话，你永远都学不会西班牙语。你的西班牙语不好有什么关系，没有人会在意这个或因此而取笑你。你必须学会尝试。”

在接下来的几个月内，她成功地克服了跟陌生人用西班牙语交流的恐惧，并开始在周末和节假日环游西班牙和周边的欧洲国家。在陌生的国家生活和旅行，让她不断地遭遇无数社交情境，但也给了她无数次的机会来锤炼自己的五项高效社交技能。这段经历也同样帮助她调整了自己的心态，让她能够在遭遇不同类型的社交新形势时能够降低对提出问题和犯错的焦虑程度。最后，她终于意识到：

“恐惧是你自己的心态造成的。所以你必须要适应自己面临新社交环境。我在那里呆了10个月，但我其实应该更快的适应这种状态……你必须要改变自己既定的内在心态和性格并抓住更多的机遇。只有下定决心忍耐和大胆尝试新事物，你才有可能真正的适应它。如果你总是不敢迈出第一步进行尝试，你很难真正的去习惯和适应新事物。”

注意，不要认为这些成功的案例得出的结论是，想要更自在从容和自信地进行社交，你就必须要从事一份自己不喜欢的工作，或是登上飞往异国他乡的飞机。因为你真正要做的是创造机会，让自己身处那些可以提供机会来锻炼自己高效社交技能的场景之中。你还需要花时间去反思自己的经历，调整自己的预期和假设，这样你就可以避免骨子里对主动接触陌生人等情况产生天然紧张或抗拒。

有思考才有进步

既定行为模式和心理模式的好处就在于，它们让我们有可能保持正常的生活状态。因为如果没有这些模式，我们需要不断地思考每一件微小的事情。后果是信息过量，并进而导致我们不可能进行多任务处理。新的社交考验意味着巨大的挑战，因为我们总是需要在新形势下努力理解并对不确定的社会形势做出反应。

形成既定行为和心理模式的弊端就在于，它们往往会固化我们的思维和行为，并：

- 导致行为和思维的实际效率和效果低于应有水平。
- 导致我们在新形势下的紧张和焦虑高于合理程度。
- 导致我们不愿意追求和把握那些将会让我们获得期待已久的成功和幸福的机遇。

更确切地说，我们不假思索的既定行为模式和心态将导致我们无法主动采取行动，比如：

- 进行自我介绍。
- 主动记住他人的名字。
- 提出问题。
- 建立全新的人际关系。
- 在不熟悉的人群面前完成任务和展示自我。

更糟糕的是，我们的心态模式可能会调控我们的行为，让我们在社交新形势下产生特定的感觉并做出特定的行为。如果我们条件反射地担心最糟糕的情况会发生，并默认我们无法享受新的社交身份和体验，然后基于这些预期进行思考和采取行动，那么我们最终的体验极有可能会验证我们的预期和假设。而这将极大地强化我们的自我预期，并导致我们接下来的设想变得更加糟糕和负面。

如果不观察和反思我们自身的行为模式，或不检验和挑战我们自己的心态模式，我们就无法打破潜意识的习惯和预期，也无法看到真正的改善和进步。

刻意练习的神奇力量

在提高和改善表现方面，K.安德斯·爱立信和他的同事们的研究已经证明，能够让我们最终预测哪些人可以成为行业专家、世界一流的执行者而哪些人不可能的因素，并非天分或后期无数小时的训练和体验。相反，他们发现，那些能够不断提高和完善自我表现的人会持续进行所谓的刻意练习，这意味着他们会坚定地执行，更具观察力、反思性和有意识的表现和行为分析。更具体地讲，世界一流的执行者们倾向于：

- 首先想象一下提高后的表现应该是什么样子以及自己想要达成什么目标。
- 然后将整体的表现拆分成具体的行为和技能组合。
- 通过刻意地观察自己的特定行为和表现的执行（和寻求他人的反馈等）来系统性地专注于整体表现的完善。
- 确定提高的方法，然后寻求或创造机会，来实践新的操作方法。
- 继续练习、观察和寻求他人的反馈，直到实现真正的进步。
- 将焦点转向其他相关的行为和技能，并重复前述步骤，直到实现所期望的整体表现。

事实上，无须花费10000小时的训练，也能够非常好的掌握一项新技能。

因为这个数据（同样基于K. 安德斯·爱立信和他的同事的研究而得出）事实上指的是达到世界一流水平所需的平均训练时间，或达到顶尖10%人群的水平所需时间。大多数人并没有成为世界级社交选手的意愿（哪怕有些人其实具备这个天赋）。如果你跟我一样，认为达到普通水平就已经是巨大的成就，那么为了实现这个相对中庸的目标，你只需要花费数个小时对自己的五项高效社交技能进行刻意练习，你就能够看到自己在面对社交新环境时的思考和行为方式方面发生巨大变化。

尝试不同的心态

除了反复练习之外，在社交新环境中更自信、少焦虑的一个关键秘诀就是要重新调整自己对新社交形势的既定设想和期望，以避免在新形势下无意识地感到紧张和犹豫，或紧张程度超过合理或有益的范围。

多年来，心理学家们一直通过一种被称为“认知行为疗法”的方式来帮助人们克服过度和负面的焦虑情绪和恐惧感。而这种疗法也不会要求接受治疗者花费无数个小时，坐在沙发上无休止地回忆童年的创伤或与自己母亲的关系。这个过程甚至无需治疗师的出现。

想要利用这个方法来让自己更自信且不那么焦虑地高效社交，你只需要简单地做到下面五件事，即：

- 关注并反思自己在新社交环境中遭遇的忧虑、焦虑和迟疑等情绪。
- 寻求机会让自己身处社交新形势并不断练习那些让自己感到最紧张的任务（例如：自我介绍、提出问题、在不熟悉的人面前展示自我等等）。
- 将自己想象要发生的事情与实际发生的事情进行比较。

● 随着时间的推移，调整自己正在改善的假设和预期，以确保自己不会下意识地担心那些基本不可能发生的糟糕情况，或那些本质上不会对你的想法产生多大负面影响的事情。

这个方法的目标并非完全消灭焦虑情绪，而是调整你的心态，让你能控制自己在社交新形势下产生的紧张和焦虑不会超出真正合理（或所需）的范围。

在接下来的五个章节中，我们将分别系统地探讨这五项高效社交技能。我们的目标是：

● 了解我们感到焦虑并不愿意进入新社交环境的原因。

● 探索可以让你更自信地社交并能更高效执行任务的战略和方法。

● 寻求机遇和设计练习，开展刻意的训练，不断完善自己的技能。

● 将我们在社交新环境的表现设想和预期与实际发生的情况进行对比和反思（以帮助我们不断调整自己的心态）。

要想更快适应社交新环境并做出更好的表现，在某些情况下可以采用下列一种或多种心态，有助于解决问题和目标的实现，即：

科学家的心态

谈到练习和改进，我们最大的敌人往往是我们自己。我们格外在意每一次的错误和失误，并坚信他人在关注我们的表现时只会看到最糟糕的一面。如果这个方法可能对你有效，那么你可以在观察和分析自己在改善方面的努力时将自己想象为一个将自己作为研究对象的科学家。通过这个方法，你可以：

● 在遭遇社交新形势时，确保好奇心大过恐惧感。

● 从更为超脱和客观的角度分析自己的表现以及所产生的情绪（包括之前、之中和之后）。

● 把自己的尝试当成有趣的实验，而不是能够全盘肯定或否定自身能力的检验。

教练的心态

鉴于所有五项技能的展示都意味着你需要在社交场合进行表现，有时候，跳出既定身份和思维并假装自己是一个专业的教练，正在培训并帮助自己为下一次的“社交挑战”做准备是个不错的办法。当你具备教练的心态时，你就可以：

● 在遭遇社交新形势时，能以通过练习和反馈实现不断完善和提高为目标。

● 能像科学家那样从更超脱和专业的角度来分析自己的新人表现。

● 将为了完善做出的各项努力视为可帮助自己随着时间的推移而逐步建立和完善自身各项社交技能的训练和练习，并进行相应的设计。

游戏者的心态

我们往往太将自己当回事儿，所以我们总是将每一次的社交体验设想为充满了各种风险的测试，其作用是一票肯定或否定我们自身的才能或天分。有的时候，简单地将社交新形势当成是虚拟社交游戏是个不错的方法，通过这种心态的建设，你可以：

● 将社交新形势当成是有趣且令人兴奋的挑战。

● 将注意力放在如何成功探索“社交游戏环境”上，而不是过度关注自己的恐惧和焦虑情绪。

● 意识到所犯的错误可能会导致你“丢掉一些社交分值”，但你总是可以按下重置按钮，然后再试一次。

初学者的心态

锤炼自身社交技能的另外一个好办法就是假设自己从未经历过任何社交情况。禅宗佛教徒称之为采用初学者心态。通过这种心态的建设，你可以：

● 在接触社交新形势时，能够心怀兴奋，期待学到新东西。

● 对新观点和新思路持有更开放的态度和理性思维。

● 将无可避免的失误视为“初学者必经的错误”，而不是个人能力的实质性欠缺。

通过实践本书提供的一些技巧和练习，你将能够逐步地从有意识的无能状态向有意识的高效社交状态转变，并看到自己的实质性提高，尤其是当你能够真正关注，并付出努力来确保自己的最佳表现时。最终，提高后的社交技能和心态将能够影响并进而改变你的既定行为模式和心理状态，并最终让你进入被称之为无意识的高效社交阶段。

当你决定开启这个过程时，你将需要做到以下几点：

1. 明确自己想要实现哪种类型的社交。设定适合自己的个人预期并确定你在新形势中的想法、行动和感觉的规划；

2. 公开承诺。研究人员已经证明，当你将自己不断提高的意图告知身边的同事、朋友和家人之后，你坚持练习和实现真正进步的几率将大大提高；

3. 观察自信和高效的社交行为并进行模仿。确定一些你认为实现了高效社交的人，并观察他们是如何开展自我介绍、提出问题、开启人际关系等行动的。然后找出自己可以照搬和模仿那些行为或方法以完善自身的表现；

4. 保持耐心。要知道，你正在试图发现和改变那些伴随了你大部分人生的习惯、设想和预期。即便你可以迅速的读完并理解本书的有效内容，你仍需要花费大量的时间去不断地练习、完善和内化这些新养成的行为和心理模式。有的时候，你甚至会发现当自己关注并着重训练某项特定的技能时，你在其他技能方面的表现将会暂时变得更糟糕。因此，要坚定地相信，随着时间的推移和不断优化，所有的技能都将会得到全面的提升，且自己全方位的表现也将得到改善；

5. 放松心态，并享受这个有趣的过程。你下一次遭遇的新社交情境也不太可能成为定义你最终生活状态和决定事业成败的最关键时刻。所以不要将它想象得超乎寻常的重要。应对社交新形势的最佳状态就是心怀好奇，秉持人生如常的态度，而不是时刻怀揣着恐惧和战战兢兢的情绪。

最后，祝你好运！

第二部分

短时高效社交
五个技能的练习法

在这部分的章节中，我们将系统地探索前述五项社交技能。首先，我们需要理解为何这些技能是可确保获得成功的关键，为何社交新环境会触发压力和焦虑情绪。其次，我们将探索和分析能够让我们更成功和自信地掌握这些技能的各种策略和方法，并探索反思、刻意练习和完善这些技能和方法的各类途径。

第五章
让对方认识你
——如何开始有效的自我介绍

在本章中，我们将探索导致自己不愿主动进行自我介绍的原因，并探讨如何提高下列能力：

- 减缓因为需要接触陌生人而产生的焦虑。
- 更自信地介绍自己。
- 留下良好的第一印象。
- 自如开始对话并建立积极的人际关系。
- 在进行自我介绍时能更从容和自信，并在未来更愿意采取主动。

所有成功的人际关系都始于相互介绍，并且我们都已经意识到介绍的重要性——无论是自我介绍还是他人对我们的引介。虽然我们已经充分了解了介绍能带来的各种好处，还是十分抗拒主动向他人介绍自己。此外，我所采访的很多人曾表示，他们往往更倾向于“被介绍”，或等待别人主动接近和介绍自己，而不是主动出击，自我介绍。

多认识一些人会更开心

在就业市场上，被人引介或自我介绍通常能让求职者有机会了解可能的工作机会，并建立可能带来初步面试的人际关系网。在开始新工作之后，我们必须通过获取信息、帮助和建议等相关助力，才可以成功融入新角色，而自我介绍就成为了开启这个过程的“金钥匙”。一位初入职场的人说：“对职场新人来说，新结识对象的数量和质量最为重要，而如果你已经得到他人的引介，那么你就已经赢在了起跑线上。”而我想要补充说明的是，“如果你能够主动向他人介绍自己，你将获得同样显著的效果。”此外，自我介绍同样能够帮助你与同事之间建立社交关系，从而让你获得在工作场合的认可和满足感。

工作之余，他人对你的引介和自我介绍能够帮助你：

- 与邻居、同学、其他孩子家长以及许多其他人建立友好的关系。简短的几句介绍或许就能建立一段深刻且久远的友情，并让你终身受益。
- 与银行出纳、服务员、收银员、销售人员以及其他经常与你互动的人建立友好且富有成效的关系，让这些日常的互动变得更有人情味和愉悦感，进而享受更好的服务。
- 使短暂的相遇，例如乘坐飞机、巴士游、志愿者活动、音乐会、体育赛事、甚至是上下班等旅程变得更加轻松、舒适和愉快。

行为学家尼古拉斯·爱普雷和朱莉安娜·施罗德通过一个简单的实验论证了这个结论。他们要求一组上班族在某天早晨向坐在自己身边的人介绍自己，无论身边坐的是什么人。而他们则要求另外一组上班族像以往一样正常上班。他们发现，“与陌生人进行了对话的上班族收获了比那些独自坐着的上班族更积极的上班体验。”而无论是性格内向还是外向，参与第一组实验的上班者都获得了同样的益处。而这与其他同样身处火车站等车的乘客们的预期恰恰相反。

总的来说，我们期望在职场和生活中获得的成功和幸福，大多源于相互介绍。

自我介绍的潜在规则

大多数职场新人的经历和故事十分雷同：在上班的第一天，老板快速地带着他们在办公室兜了一圈，跟所有正好在现场的职员进行了简单快捷的‘你好+握手式’的相互介绍。但在介绍结束之后，新人往往已经忘了所有见过的人的名字，而且也不觉得自己与这些人真正建立了联系。

更糟糕的是，一些新人得到的待遇往往只是“大家好，这是我们新加入的成员”等十分敷衍的群体式介绍。举个简单的例子，你的老板站起来对着整个部门的人员说，“大家伙儿注意一下，这是比尔。大家跟比尔打个招呼吧！”以这种方式介绍新员工的经理或老板们觉得自己已经完成了应尽的介绍职责，但这种类型的介绍其实比没做还糟糕。

无论是因为经理或主持人的无能，还是新团队成员的冷淡行为，或是因为我们自身的犹豫和迟疑，在入职初期阶段缺乏高质量的相互介绍会导致两个严重的问题。首先，我们不会感觉到自己已经与他人建立了足够坚实的人际关系，让我们能够在接下来需要帮助或建议的时候敢于从容地向其他人求助。这也导致我们无法迅速融入新工作，进而导致工作效率低下，并让我们在很长一段时间内仍感觉：自己是整个部门或团队的局外人。

其次，如果我们在与他人第一次会面或互动时没有进行自我介绍，或没有收到对方的自我介绍，那么再次接触时进行相互介绍会变得更加尴尬和别扭。如果我们在没有相互介绍的情况下不断地遇到对方，那么我们会发现，自己跟对方的交往会陷入被我称之为“点头之交”。我们会彬彬有礼地向对方微笑、点头或挥手以示礼貌，甚至有时候会简单交谈几句以示招呼或交流，但彼此都会感到十分尴尬，且永远也无法越过平淡无奇的空洞寒暄，不能真正了解对方，建立深入的人际关系。

在现代社会，我们对自我介绍的抗拒往往也源自于我们对破坏社会规范的恐惧，还有对自我介绍的过高期望。通过采访我发现，相较于同陌生人见面的人身安全风险，大多数人更担忧的是自我介绍可能带来的社会风险。我们总是担心：

- 在错误的时间和地点打断他人忙碌的工作。
- 向那些不想见到我们的人做了自我介绍。
- 没有充分的理由向对方介绍自己。
- 说出一些让对方感到烦躁、愤怒、冒犯的话，留下糟糕的第一印象。

尽管在派对或社交场合进行自我介绍是恰当和必须的，但我们是否每次都能找到充分的理由向他人介绍自己？并且我们真的能够确定对方也认为我们的自我介绍是必须和恰当的吗？如果你恰好是一个工作团队的新成员，那么你显然具备了正当的理由向自己的团队成员们介绍自己。但如果你们只是碰巧在同一栋楼工作呢？或那个人只是刚好在一段漫长的飞行旅程时坐在你的边上？或是你们正好选修了同一门有氧运动课程？那么“足够友好”是否是进行自我介绍的充分理由？对于所有这些问题，没有正确和明确的答案。并且我相信，正是这些社交的不确定性强化了我们对主动接触他人的抵触心理。

即便我们具备了充分的理由进行自我介绍，我们仍无法明确地知道自我介绍的恰当时间和场合。例如，在工作场合中，在对方正在打电话或上厕所时进行自我介绍很显然既不礼貌也不恰当，但在对方正在自己的工作间勤恳工作时打扰对方就是恰当的吗？或在食堂吃午饭的时候？或站在你边上一起等电梯的时候？或者在走廊相遇的时候？尽管前述场景都具备一定的合理性，但我们无法得到明确的指导或规定（无论是从社会规范角度还是在主流的社交礼仪书籍中）。因此，这种不确定性再次加重了我们的社交焦虑。

考虑到所有前述社会规范和礼仪的不确定性，我们通常选择被动等待别人的主动接触和介绍，也变成了理所当然的行为。因为这种做法将社交风险转嫁到了对方身上，能否找到充分的社交理由和正确的社交时机也成为了他人应该担心的事情。但问题就在于，其他人的想法和行动可能跟我们一样。最终的结果就是，双方都被动地等着对方主动迈出第一步，而与此同时，你为数不多的人际交往也停留在微笑、点头、挥手和礼貌的寒暄等表面程度上。

幸运的是，你现在已经了解了造成我们对向陌生人介绍自己的抵触心理的遗传和文化因素，那么让我们一起来了解一些策略和技巧，以帮助你了解如何接触并与不熟悉的人互动，并进而让你能够更从容和更完美地进行自我介绍。

换位思考，套路并不那么深

当我就关于自我介绍的想法和情绪进行采访时，我通常会得到一个有趣但又自相矛盾的结果。很多初入新环境的人都向我表述了他们对主动接触并向繁忙又身居要职的人介绍自己时的迟疑情绪，同时他们也担心自己缺乏充分的理由进行自我介绍。但是当我问及如果被他人主动靠近并接触时的反应，他们则普遍表示，自己将会十分乐于停下手头的事情并认识对方。其中一个受访新人是这么描述的：

“让我主动去介绍自己并向他人提出要求是件很困难的事情。但是如果有人向我介绍自己并请我帮忙，我会十分乐意提供帮助。但我也搞不懂为什么反过来我自己就做不到这一点。”

迄今为止，我还没有听说哪个人会因为其他人进行自我介绍而感到生气或恼怒。我接触的所有受访者中也没有任何人说过这样的话：

“你能想象新来的员工有多无耻吗？上周他直接朝我走过来介绍他自己，搞得好像这是他家一样。当然，我冲他大吼，并把他赶跑了。然后直接跟老板告状并要求老板立马开除这个混蛋。”

但不知何故，我们的脑海中总是感觉，如果我们主动向他人做了自我介绍，这就是我们的下场。因此，想要能够更自如和自信地开展自我介绍，你首先要做的就是接受下面的观点：主动介绍自己的社会风险要远远低于我们的想象。而我们也将在本书的不同章节中反复的向诸位读者阐述和强调这一事实。

回想一下过去几次新人主动接触你并向你自我介绍的经历。你的感受如何？听到新人因为紧张而磕磕巴巴的自我介绍时，你的第一反应是怒火中烧，还是会心一笑？你是否真的因为工作被打断而感到生气或困扰？你会不会选择停下手头的工作，热情地欢迎他们加入团队，并乐于花一点时间来更深入地了解他们？

那么你为什么会认为，当自己成为那个主动自我介绍的人时，他人会产生不一样的反应呢？当然，我们还是有可能会遭遇那些成天抱怨的人，一旦有人试图打乱他们宝贵的日常安排或浪费了他们宝贵的时间，他们就恨不得生吃了你。但这类人毕竟是少数，而且基本上也没什么人会真正看重他们的意见。

下面的建议来自一个自称为内向性格的受访者：

“我在青少年时期和20岁出头的时候对与陌生人互动充满了恐惧。但我后来慢慢意识到，最糟糕的结局不过是我被他人无视和忽略，或者遇到无意与我交谈的人，或是遇到彻头彻尾的混蛋。

但即便最糟糕的情况出现了，我们依然有机会找到其他愿意与自己交谈的人，不是吗？我在权衡最糟糕的情况和最理想的结局之后意识到，这两者之间根本没有可比性。因为如果我做到了，好处是无穷的。而即便没做到，最糟糕的情况也并没有什么实质性的损害，最坏的情况不过也就是那么回事儿。而如果你不尝试，你就永远不会知道自己可以收获什么，唯一的方法就是不断尝试。”

基于所有研究的结果，我的建议是：

- 正视自己不情愿主动进行自我介绍这一事实，并知道这是正常的反应。
- 在自我介绍时不要总是设想最糟糕的情况，因为这种情况极少出现。

● 勇敢迈出第一步，主动介绍自己。

你需要认识谁

为了克服犹豫情绪并推动下一步的行动，你首先需要确定自己想要对谁做自我介绍。制定战略和计划可以极大地降低焦虑感，并让你在面对大量陌生人时感到更自信。有的时候，你可能只有短短几分钟的时间来制定一个计划，比如在你踏入一个社交场合或派对之前。但是，在大多数新的情境下，你有大把时间来详细规划和制定策略，明确开展自我介绍的对象、地点、时间和顺序以及方式。当然，这个计划也无须完美——你其实只需要一个计划来给予自己信心，让你能够主动采取行动并接触他人。

在工作场合，通常有一群同事可以为你提供帮助、资源和建议，让你可以顺利地完成自己的工作。其中某些人很容易确定，大致来说包括下列人员：

● 第一个项目的团队成员，包括来自其他部门的职员。

● 来自工作团队或部门的其他同事。

● 关键行政支持人员，例如行政助理、人力资源管理人员、技术人员和设备管理人员等。

● 直系上司的领导以及监督并可能做出直接影响到你的工作决定的其他管理人员。

此外还有一些不太明显但具备同等重要性的人员：

● 曾参与你入职后第一个项目的人或曾在技术、销售区等方面与你共事的人——因为这些人知道哪些工作方法已经被尝试过了并且知道哪些人手中掌握着核心的信息。

● 部门核心人物（每个工作团队至少有一名类似人员），他们往往最了解产品、技术和服务；或与掌握前述核心信息的其他人之间的关系最为密切。

● 核心消费者和客户（无论是企业内部或外部）；这些人可以从使用者的角度为你的项目提供意见和建议。

最后是那些可能不会与你的日常工作发生直接联系但你会频繁地遭遇和互动的人：

● 临近办公室的人员（尤其是位于同一层楼的其他企业的职员）。

● 前台接待员。

● 保安人员。

● 传达室人员。

● 食堂职工。

当你新加入工作时，花一点时间向这些人介绍自己。尽量确保自己与前台接待员、传达室员工或保安人员之间的人际关系不仅仅是点头之交（如果你能够在刚入职的时候就完成自我介绍，这样的情况是完全可以避免的）。因为这些人可能比大多数的经理或领导更了解企业内部的情况以及如何才能成功完成一项工作任务。

当然，你的自我介绍也不应局限于本书中所列举的名单，因为你可能会随机遇到很多跟你手头的项目无关联的人，或在工作场所以外地方遇到一些人。最好不要成为所谓的“办公室政客”——跟每个人的关系都仅限于“握手和招呼”——在适当的时机，抓住机会介绍一下自己。

同样的策略也适用于工作场合之外的地方。除了要向那些显然对你的生活和工作都至关重要的和你旁边的人士介绍自己之外，你还需要主动接触那些能够真正帮助你获得成功的人，还应当向那些你觉得将有可能频繁接触的人介绍自己。

牢记一点：初入新环境，你所拥有的特权就是，你有权利，也有理由向每个人介绍自己。

接触的时机和开场白

如果你可以花一点儿时间来思考并预先演练一下接触的策略和开场白的话，你将在自我介绍时感到更自信和自在。花在反思和演练上的时间越多，你的自我介绍就变得越简单，承受的心理和心理压力也会更小。

无须过分担忧自己接触他人并进行自我介绍的时间和地点，因为你总是能够找到大把机会。在面对面的自我介绍中，你可以在团体活动或会议之前或之后找个机会介绍自己，也可以在走廊偶遇或停车场偶遇时进行自我介绍，或在对方独自坐在桌前的时候进行。

默默等候所谓的自我介绍“完美时机”，往往只会适得其反。不要试图在对方正在进行脑外科手术的过程中或去洗手间的路上打断对方，但可以在自己觉得可以成功俘获对方注意力的时候第一时间主动出击。判断的标准就是：假设角色互换，你正在从事对方手头的事情时，你是否乐意被打断或打扰。如果你不介意，那么就大胆出击。但同时你也可以利用几句简短的开场白再次确认时机是否恰当。如果时机并不合适，那么最好另觅良机。

最有效的开场白往往会遵循下面的套路：

1. 以简短的招呼作为开场白：“你好，早上好”等；

2. 紧接着报上自己的名字；

3. 确保能够开始互动以便完成自我介绍；

4. 简要的介绍自己的身份，说明自我介绍的原因（介绍的内容应主要取决于你所预期建立的人际关系类型）。最理想的情况下，你应能够让对方知道你是“新成员”，然后请对方允许你继续进行自我介绍；如时机不恰当，则可请求对方给予其他时间来完成自我介绍；

5. 尽可能地言简意赅，并迅速为对方提供做出反馈的机会。

你可以基于会面的对象和在与对方见面之前了解到的信息来为该人量身打造适合的开场白。例如，刚刚被录用的玛丽莲想要向约翰介绍自己，并且她了解到自己将与约翰合作负责EduToy账户的相关业务。于是她去了约翰的办公室，发现他正在电脑前打字。她说：

“约翰，早上好，我叫玛丽莲·帕金斯。我上个星期刚作为销售助理入职，主要负责EduToy账户的相关业务。听我的上司卡洛琳介绍说，你是这个客户端的创意负责人。所以我想向您介绍一下我自己——现在您是否方便呢？”

约翰表示时机正好。在与约翰交谈之后，玛丽莲回到了自己的工位上，沿途向坐在其他工位的员工分别做了简短的自我介绍。但她适当调整了自己的开场白：

“你好，我叫玛丽莲·帕金斯。我是新入职的员工。上周才正式入职，主要负责EduToy账户的相关销售业务。不知道我们未来会不会有机会一同合作，但我们的工位相隔不远，我觉得我们应该经常能够遇到。现在方便占用你一点儿时间，让我简单介绍一下我自己吗？”

确保开场白能够获得成功的秘诀就在于确保其简短、体现对他人的尊重并适合预期的人际关系。此外，为对方提供一个“跳出”介绍场景并约定其他更适合的时间来开展自我介绍的机会也是一个明智的做法。

花费越多的时间来演练、反思和实践开场白，你在真正操作时的紧张感就会越低。下面这段描述是一个新人对自己练习策略的描述：

“我尽可能频繁地在工作场合中开展自我介绍。我会大声地练习自我介绍，否则我就会结结巴巴。我在路上反复练习自我介绍的内容，例如怎么在一分钟内说明自己接触对方的理由。这个方法很有效。而我反复练习自我介绍内容，例如自己到底有多荣幸能够跟对方见面并建立人际关系等，频繁程度或许会让你感到震惊。但只有这样反复练习，我才不会感到紧张或变得语无伦次。”

在有些情况下，在完成开场白之后，你可以迅速的开始进入新建立人际关系的实施阶段（例如：商务会议、服务互动、群体活动和咨询等），但很多时候，自我介绍意味着长达几分钟的友好闲谈或寒暄。

首先你要意识到，在刚刚开始接触的时候，这几分钟的闲聊事实上并非东拉西扯或无关紧要。因为通过最初这几分钟的对话，你已经开始建立并强化与对方的人际关系，而对于交谈双方而言最有效也最理想的交谈方式往往需要实现下列目标：

- 相互了解。
- 探索双方的共同点（例如职责、利益、共同认识的熟人等）。
- 了解到未来的交往模式以及在未来可能建立何种人际关系（例如：团队成员、办公室同事、邻居、客户关系、朋友关系等）。

到底应该聊些什么呢？并没有放之四海而皆准的规定，而且很多时候我们也无法精准预测谈话的走向。但通常情况下，自我介绍阶段的闲聊往往会涉及下列内容：

- 团队和工作中的角色。
- 工作和人生经历。
- 共同的兴趣爱好和经历。
- 共同认识的熟人。

理想情况下，最好以会面内容相关的主题或内容以及预期建立的人际关系相关的事项开启对话。如果自我介绍的对象为工作场合认识的人，那么可以从工作角色和经历着手。如果认识的对象是自己女儿橄榄球赛上遇到的其他家长，那么可以聊一聊各自的孩子。如果你是在派对场合向对方介绍自己，那么可以从自己和主办方的关系聊起。随着了解的深入，交谈的双方可以进入更轻松且与不太受限于身处环境的话题，并更深入地了解对方。

用恰当的问题留下良好的第一印象

留下良好的第一印象的秘诀就在于，不要用自己的身份地位、教育程度或成就去压倒对方。这么做只会适得其反，因为你只会给对方留下夸夸其谈和卖弄的形象。

在自我介绍过程中，你让对方产生了什么感觉。与你的互动是否能够为他们提供正能量？在结束你的自我介绍之后，他们对自己的感觉是否变得更好？你是否为他们提供了机会来聊聊自己并让你感到惊艳？如果你想要留下良好的第一印象，你就需要时刻牢记：

- 要谦虚低调。
- 要充满敬意。

● 要保持和表现对他人的兴趣。

听起来容易做到难。很多接受采访的新人表示，在自我介绍的关键时刻，他们会因为感到紧张而方寸大乱，要么谈论自己过多的事情，要么不停地说一些无聊的事情或所说的东西根本无法激励对方。并且，他们可能大部分时候都在焦虑自己接下来应该说些什么，以至于他们没用心听对方的话（并且还被对方看出来了！）。或有的时候，他们犹豫不决到底应该说些什么，并导致对话停止，让整个谈话陷入了尴尬的沉默。

创造良好第一印象的一个最简单又最可靠的办法就是提问，问题内容可能包括关于对方的角色、背景、兴趣爱好以及咨询所处机构或单位的信息或寻求建议或意见的问题。

此外，还可以提出能够体现你对他人的尊重或兴趣的问题。人们能够从谈论自己的过程中获得激励或能量。如果你通过提问咨询信息或寻求建议，对方就有机会来利用自己的经验和专业知识打动你。此外，能够为他人提供帮助也会让人获得更好的自我感觉。提问同时也可以让你不过多地谈论自己的事情，并让对方能够引导谈话的内容，聊到对方感兴趣的话题或领域。如果你已经无话可说了，那么提问还可以填补交谈中尴尬的沉默或停顿。

在自我介绍过程中，确保提问策略成功的关键就在于预先设定一个提问的心态。心理治疗师和知名博主马克·泰瑞尔（Mark Tyrell）很好地归纳了这一策略：“如果我在社交场合中与他人进行互动，我根本就不担心自己要说些什么，因为我总是对他人要说的东西充满了期待和好奇。”

我的一位受访者发现，通过专注于对方的表述和提问，他事实上缓解了自己进行自我介绍的紧张感。如果这个方法对你也同样有效，那你可以假装自己是一个记者，正在采访那些你想要会面的人。抱着这种心态，可以让你更容易接近他人或打断对方手头的事情，同时可以确保你在整个自我介绍的过程中保持提问的状态。当然，你也不应该问太多问题，因为这会让对方疲于应付并心生怒意。也不应该在整个自我介绍的过程中对自己的情况只字不提，但也无须太过担忧，因为通常情况下，大多数人也愿意向你提出几个问题作为回报。

如何结束对话，之后需要做什么

一般情况下，在交谈还充满能量和动量的时候结束交谈最好，而不要等到整个对话因为缺乏较好的话题或双方都感到无趣或无话可说的程度才尴尬地结束。将对话长度的控制权交到对方手里，并注意观察对方试图或需要结束对话的信号或暗示。及时结束交谈也体现了对他人时间或安排的尊重。

在结束自我介绍的时候，别忘了要感谢对方的时间，并表达自己对交谈过程的感激和欣赏。如果你觉得自己可能稍后还会主动接触对方以寻求帮助、建议或进行更多的交谈，那么在结束本次对话时记得征求对方的同意。大多数人都不会拒绝这种无害的要求，而你也需要牢记对方愿意再次与你交谈的意愿。视情况的不同，结束对话的表述也应不同，例如：

“很高兴认识你，莎拉。非常感谢你愿意跟我聊天，很期待能够在这个项目里与你一同协作。如果我遇到困难，是否能够时不时的过来叨扰一下？”

“嗯，我很享受聊天的过程——很高兴认识你！很期待能够在孩子们下一场比赛时跟你再聊得更多……如果你不太介意我的打扰的话。”

如果你想交换联系方式，那么应该主动先提供自己的信息。这个举动能够表达你交换信息的期望，作为回应，他们也会提供自己的信息。但如果对方不太乐意提供联系方式，那么也不必“穷追不舍”。

在方便的时候，尽可能通过书面或语音的形式用自己的手机把自己能记住的交谈信息或内容记录下来——对方的姓名、工作角色、背景、专业知识、个人信息以及任何其他有趣的信息或事实。

大多数人遭遇过死活都想不起来前述信息的情况。你很快就忘了这些人的名字，或开始混淆某些人的工作职位和个人信息与刚刚见过面的人的信息。你可能以为自己能够清楚地记住所有这些信息，但如果你是个普通人（不是什么记忆天才或大师的话），你肯定记不住。

而如果打交道的是客户和服务对象，或一些共事的内部员工，你可能在交谈之后需要给他们寄送一张感谢卡片或发邮件致谢。感谢他人给你机会和时间是表示尊重的另外一个方式，更重要的是，这个做法可以再次强化你对这个人的记忆、你的角色以及你们继续开展人际互动的可能性（因为你知道，对方很可能不会在回去之后将所有会面的信息或细节记录下来）。

在某些情况下，你可能需要再次介绍自己，例如：

- 当你的初次自我介绍太过简短或效果奇差（通常情况下是因为你的老板太匆忙，没给你足够的时间和空间来发挥），以至于没能建立任何形式的人际关系或留下任何印象时。

- 当对方看起来很眼熟，但你完全想不起来是否曾向对方介绍过自己时。

- 当对方看起来没能记住你的名字或没能认出你是谁的时候。如果你能够主动再次介绍自己，对方将十分欣赏和感激你的做法。

这个过程可能没你想象的那么令人尴尬。要知道，没有几个人是记忆天才。而在这方面经验丰富的人也能理解你的状态，因为新的社交环境往往会让人同时见很多人，并了解所有这些人的信息。你可以考虑用类似下文的表述作为开场白：

“嗨，我知道我们几个星期之前相互介绍过，但我还想再次介绍一下我自己。我叫玛丽莲·帕金斯，在营销部门工作。当时的介绍太快了，所以很抱歉我没能记住您的名字。”

“嗨，我的记性不太好，但我觉得我们好像以前见过，是不是在另外一家公司？我叫玛丽莲·帕金斯——几个星期前刚刚加入本公司的营销团队，负责EduToy账户相关业务。”

自我介绍的反思和刻意练习法

向陌生人介绍自己本质上并不难，难就难在如何变得更自信和自在，并确保自己在有机会再次进行自我介绍时不会犹豫不决或退缩。要更好地介绍自己，你需要：

- 了解造成焦虑和犹豫情绪的原因。
- 有意识地观察自己在进行自我介绍时的想法、感受和行为。
- 制定具体可行的战略来帮助自己更好的完成自我介绍并表现得更自信。
- 寻找一切机会来演练和实践全新的方法。

审视自己犹豫不决的原因

回想一下自己曾经因为需要接近陌生人并介绍自己而感到紧张的情境。你犹豫不决的原因是否因为以下几点：

- 不愿意打扰或打断他人手头正在做的事情？
- 担心留下糟糕的第一印象？
- 觉得自己没有充分的理由去接近对方？
- 不确定自己的自我介绍是否具备社交层面的合理性？

接下来，寻找导致产生焦虑和犹豫的规律，例如：

- 你的犹豫程度是否取决于对方的职位或地位（例如，上司、专家、教师、教练等）？还是纠结于对方的性别？或是纠结于对方来自不同的种族或文化背景？
- 你是否不愿意主动接触那些看起来十分繁忙或正在做“大事”的人？
- 是否存在某些特定的情况，让你自我介绍的犹豫程度更重？是职场环境？还是派对和社交场合？还是在联谊场合？或是在教室中？
- 在那些未来可能需要频繁互动和那些你可能再也不会遇到的人中，你更不愿意向哪一类人介绍自己？

一旦你进行了探索并了解了你自己在何时、何地、何人面前最抗拒自我介绍，你就可以将自己的观察力和练习时间专注于这些方面。

有意识地观察自我介绍

随着时间的推移，所有人都会建立起一整套自我介绍的机制，其中包括我们对自我介绍的假设、期望和习惯。通过观察自己在接触和见到新面孔时的想法、情绪和行为，你就可以客观地剖析自己。这个过程可以帮助你制定一些具体的策略，以完善你的自我介绍并让你感到更自信。

在未来几天或几周内，下定决心来观察自己所有的自我介绍过程。在你主动接近一个人的时候，思考下列问题：

- 你在向谁介绍自己？
- 你跟这个人可能建立怎样的人际关系？
- 在主动接触该人并介绍自己的时候，你是否感到犹豫不决？如果是这样，为什么？

在你介绍自己并开始与对方交谈之后，尝试不时地“跳出自我身份”并以旁观者的心态来观察自己在交谈当下产生的想法、表述和情绪，并思考下列问题：

1. 在交谈几句之后，你的紧张感是否得以缓解？还是你的紧张感一直持续到对话结束？这表明了什么？

2. 你的开场白是什么？对方对你的开场白做出了何种反应？

3. 寒暄的进展情况如何？你是否找到了彼此之间更多的共同点，并建立了双向的人际关系？约定了未来继续交谈互动的机会？所有的策略中，哪些有用而哪些没用？

4. 交谈对象是否从对话中获得激励或能量？你是不是话太多或话太少？是否展示了对他人所说信息的兴趣？是否成功提问？是否注意聆听？

5. 在结束交谈的时候，你是否获得了对方明确或暗示的许可，让你可以接下来再次接触对方？是否对他人的时间和关注表达了谢意？是否在事后进行了会面信息记录？

6. 整体而言，自我介绍的效果如何？比你想象的更好或是更差？你在交谈最初的紧张感和抗拒感是否合理？

在你感觉自己已经充分观察和探索了自我表现，并能够产生一些有意义的想法或见解之后，回顾本章提供的策略和方法，并确定哪些策略或方法能够帮助你改进自己的自我介绍。然后逐一尝试，并确定它们能否产生实际的效用。

找机会进行演练

最后，实现真正进步的关键在于创造实践的机会。如果你担心自己无法留下良好的第一印象，那么首先选择的自我介绍对象应该是那些即便你犯下愚蠢的错误也不会导致过于严重社会后果的人。如果你不太愿意打扰繁忙的人，那么可以向前台接待员、零售店收银员、服务员、图书馆员、护士和银行出纳等服务行业的人群介绍自己——或以任何看似很忙但绝对有时间给你完成一个简短自我介绍的人群。

如果你觉得主动接触身居要职的人不太适合，那么可以通过向飞行员、神职人员、医生或教师等职业人士介绍自己来不断练习——或你感觉职位或社会地位高于自己的任何其他人员。如果前述类型的自我介绍对你而言还是太过困难，那么可以挑选那些你不会再有机会遇到的陌生人作为练习对象。在度假的期间，搞砸了对酒店前台或销售人员进行的自我介绍，并不会有什么严重后果。

在所有的自我介绍“实践”中，记录他人做出的反应。他们是否真的冲你大吼？把你赶出门外？直接报警？在99%的情况下，你会发现他们至少会反过来告诉你他们的名字，然后你至少有几秒钟或几分钟的时间来进行愉快的交谈。你会意识到，向一个完全陌生的人介绍自己真正蕴含的社交风险实际上是微乎其微的，所以，在下一次你犹豫不决是否要主动接触对方时，要提醒自己这一事实。

如果你不确定自我介绍时应该说些什么，就更应该反复练习。首先可以拟定一些开场白，然后对着不同的对象进行实践。注意观察对方的反应，包括哪些具体的开场白能够带来较为理想的谈话。将自己工作经历和人生故事中存在的各种元素或历史写下来，然后不断在与对方的交谈中实践这些内容，实现去芜存菁。要留意哪些事实或故事能够在交谈中产生能量，而哪些又会让聆听者双目低垂昏昏欲睡。

如果你存在话太多（或话太少）的问题，那么最好制定一张问题列表，然后背下来，并在实际交谈中遵循列表提问，以给对方更多的机会来分享关于他们的信息或故事。在下一次的自我介绍中，练习如何就对方的工作、背景、爱好和经历等方面进行提问。在交谈过程中，注意观察和控制自己和对方说话的时长比例，并进行相应的调整。如果你发现自己话多了，那么强迫自己提出更多的问题。如果你发现自己话太少，那么强迫自己抓住机会，介绍自己的相关信息。

在对开展自我介绍具备更充分的信心之后，就可以开始以工作场合及私人圈子里那些你认为自己应该进行自我介绍或应该再度介绍自己的人群为对象，开展自我介绍的实践，例如：

- 身处核心地位但你尚未认识的同事（或只是有过仓促的交会）。
- 新邻居。
- 每天早上把咖啡卖给你的人。
- 在孩子放学时总是站在你边上的面熟的家长。
- 在过去几个月中你遇到过几次但只是进行了“点头微笑”式交往的人。

要有耐心，并持之以恒地练习。随着时间的推移，你会做得越来越好，能够更自信地介绍自己。到了最后，你甚至会奇怪，自己为什么一开始会对自我介绍充满了恐惧感或感到巨大压力。更重要的是，你的人生将因为成功的自我介绍而变得更丰富多彩和成功。

成功的自我介绍的关键七步骤

1. 接受尴尬，并勇敢进行自我介绍；

2. 根据自己预期建立或发展的人际关系，选定开场白和寒暄的话题；

3. 让对方感到自己倾听的诚意、珍视对方的情谊并尊重对方的心意，而不是吹嘘或没完没了夸耀自己的成就；

4. 感谢对方愿意抽出时间跟你交谈，并征求对方再次进行交谈或会面的意向或同意；

5. 完成自我介绍之后，将会面的细节和信息记录下来；

6. 在必要的时候，再次主动介绍自己；

7. 实践、反思然后开展更多实践，以期日臻完美。

第六章
叫对名字才不尴尬
——如何找到人脸和人名的紧密联系

在本章中，我们将探讨大多数人无法记住别人名字的原因以及如何提高我们的能力，以做到以下几点：

- 掌握并牢记新结识对象的名字。
- 在再次遭遇对方时能自然回忆起对方的名字。
- 在想不起对方名字的时候避免尴尬。

想要在新环境里实现高效社交，必须能够快速记住所有人的名字。在旋风般的初次介绍之后，你是否能够在下一次遇到对方的时候迅速且自信地回忆起对方的名字，将对你的人际关系产生巨大的影响。因为这种能力可以创造非常正面且积极的“第二”印象，它能够给对方带来惊喜，体现你对他人的尊重，并且让你看起来既聪明又有能力，更重要的是，它能够帮助你迅速拉近与对方的距离，并帮助你获得所有必备的能力，以确保你在新社交环境中提高效率，得到认可，感到舒适和快乐，并能最终成功融入社交环境。

戴尔·卡耐基曾经说过："一个人的名字对于他/她来说，无论用何种语言表达，都是这世上最甜蜜和最重要的声音。"五个月大的婴儿已经学会了辨识和专注于自己的名字。而作为成年人，我们的大脑会对自己名字的发音（相对于其他人的名字而言）做出不同的反应。哪怕我们出现严重的脑损伤或处于植物人状态也同样如此。对个人而言，名字就是自我认同的标识。

你能够记住对方的名字会让对方感到欣喜，而这种现象也被研究说服力的人称为"称谓感知"。在实验中，这些感知能够激发需求的顺应程度并进而促进销售。科学家们甚至发现，我们潜意识里更喜欢含有我们名字的字母或发音的词汇，甚至会选择追求那些听起来像我们自己名字的职业道路，例如，大量名为丹尼斯（Dennis）的人最终会选择牙医行业（英文中Dennis的发音与dentist十分类似）。

既然大家都已经直观地了解到，能够快速且自信的回忆他人的名字是一项重要的新人技能，为何大多数人经常：

- 在被引荐之后迅速的忘记了对方的名字?
- 能回忆起关于对方的几乎所有信息，却死活想不起他/她的名字?
- 下意识地逃避不得不进行自我介绍的情况，因为担心自己根本记不住每个人的名字?

当我问受访者是否擅长记住他人的名字时，他们通常会这么回答：

"我根本记不住人名。"

"我这方面的能力很欠缺。"

"如果我同时见了十个人，然后能够记住其中两到三个人的名字，我就觉得自己做得很棒了！"

在课堂上，我有时会要求那些认为自己很擅长记住人名的同学举手示意，但是，在一间装满五十个学生的教室里，举手人数目前还从没有超过三个人。然后，我要求那些经常在听到一个人名几秒钟之后就忘光光的学生举手示意。80%以上的学生都会心一笑，然后举起手，并在看到大部分的同班同学也跟自己一样举手之后，感到心安理得。

忘记人名的问题在很大程度上与遗忘行为本身无关，而在于你发现自己没办法想起来的时候所产生的感受或采取的行动。大部分人会条件反射地感到羞愧和尴尬。我们会质疑为什么自己的记忆力这么糟糕。更重要的是，我们往往会倾向于向对方隐瞒自己不记得他/她名字这一事实，而这最终会妨碍我们取得社交成功。

我们的逃避可能是微妙的，甚至是下意识的。在走廊遇到彼此的时候都会点头微笑，然后假装我们正在赶时间或有事，所以没办法停下来聊天，内心只求能够快速擦肩而过。我们大老远就开始友好地冲对方招手，却宁死不愿靠近对方。我们甚至试图刻意地变更路线，这样我们不会遇到对方，或在遇到对方后迅速的终止对话，并专心致志地看手机，假装自己刚刚收到了一条十万火急的重要信息。

逃避所有这些情况恰恰会让我们错失建立人脉的良机，导致我们无法实现高效社交。在记忆力超强的完美设想里，莎拉能够在遇到我们的时候叫出我们的名字并进行寒暄，而我们也能够充满自信的回复道："早上好，莎拉！"在相互叫出名字的前提下，我们双方都愿意停下来，花几分钟时间进行友好的寒暄和交流。我们甚至还有机会提出一两个问题，并得到对方的答疑解惑。

相反，在记忆力很糟糕的现实世界中，莎拉在遇到我们的时候叫出我们的名字并进行寒暄，而我们忽然之间脑子一片空白，死活想不起她的名字。于是，我们要么简短地以一个羞怯的“嗨！”作为招呼，或更糟糕的是，用宽泛而又毫无诚意的“嗨，很高兴见到你！”作为回应。这种反应不仅没能隐藏我们压根想不起她名字的事实，反而可能会让莎拉意识到这一点。无论我们怎么应对，如果我们在记不起她名字的情况下，停下来跟莎拉交谈，我们不仅无法享受交谈的过程并借机强化双方的人际关系，反而很容易在整个谈话的过程中语无伦次，因为我们正在绞尽脑汁，试图回想她的名字。

最终，我们在结束交流之后，感到无比的内疚和尴尬，甚至会导致我们更抗拒在今后与她继续进行互动，尤其是我们根本没办法能够轻松地想起或再次获得她的名字时。如果我们身边正好有朋友或同事同行，我们就更不愿意遇到莎拉，因为我们觉得自己有责任（或有义务）将她引荐给身边的人。

最后，我们消失的记忆和对互动的抗拒和逃避，会导致我们无法有效地社交。幸运的是，在掌握一点信息和一些技巧之后，我们就能够有效地改善前述两个存在问题的行为。

我们的记忆力真的很糟糕吗

当你即将进入社交新环境时就应该知道，自己将会向很多人介绍自己（或经由他人进行介绍）。你将听到很多其他人的名字，你也清楚，自己应该能够记住、想起对方的名字，并在下次遭遇时准确地叫出来。你在成千上万次的自我介绍或他人引荐的经历中反复锻炼过这种能力，但是为何你依然表现得这么糟糕？

事实上，在经过相互介绍之后依然根本想不起对方的名字是完全正常的。

相互介绍的过程往往是听到、理解和将一个人的名字牢记脑中的最差时机，理解并记住他人名字的需求是最近才出现的，人类独有的进化结果，是复杂的口头语言的发明和发展的直接结果。我们很可能利用大脑中既有的机制来处理和存储与他人相关的其他信息，但处理和存储有关人名的信息，则可能利用的是新近进化出的一个独立的记忆机制。

从现代社会环境的现实角度来看，我们无法记住他人名字的原因也许是因为以下几点：

- 我们在听到对方名字的时候注意力处于分散状态，或没有给予足够的关注，因此这个人的名字根本没有被存储到我们的短期记忆中。
- 我们在了解对方名字之后又了解了，关于这个人的其他诸多信息，以至于没有空间或时间将其名字从短期记忆转化为长期记忆。
- 我们的大脑处理和存储姓名信息的机制和方法，异于处理和存储与该人相关的其他信息的其他机制和方法。本质上来说，我们所掌握的与该人相关的信息和该人的名字之间所建立的单向神经连接信号很弱。在没有刻意地记忆或精神层面努力的情况下，这种人脸和人名之间建立的单向神经的连接不够充分，因而我们再次见到该人的时候，不能激发我们对于该人名字的记忆。

然而，一旦你明白自己为什么很难记住他人名字之后，就可以采取措施来确保你能够持续地记住他人的名字并保持良好的记忆。

有限的关注力

在脑海中想象一次典型的相互介绍过程。在最初的几秒钟，你会进行眼神接触，然后伸出手，并自报家门，而对方也会做出回应。对方通报自己名字的声波很快就会传递到你的耳膜，然后转换为电波信号，传递到你的大脑进行处理。截至目前为止一切都进展顺利。

大脑将处理你听到的名字信息（以及你在同一时段听到的其他所有信息），并将这些信息转化为信息余音记忆（echoic memory），这些记忆只能够延续几秒钟的时间（详见图6-1）。如果你能够在这个名字仍存在短期记忆存储空间时积极主动地关注它，那这个名字很有可能可以转化为短期记忆。而如果你毫不在意，那么你关于这个名字的记忆就会在短短几秒钟内消失得无影无踪。

图6-1

那到底是什么让你无法集中注意力关注对方的名字呢？本质上来说，是你在听到一个陌生人的名字时脑海中所想到的任何一切其他的信息。在那个时候，你的大脑可能正忙于应付层出不穷又十分费力的诸多其他想法。这些同时发生并争夺你宝贵注意力的想法可能包括以下几点：

- “我接下来应该说些什么？”
- “我跟这个人之间有什么联系？”
- “我的握手够不够坚定有力？”
- “我的牙齿里不会还塞着食物的残渣吧？”
- “我们中午吃什么？”

● 你在介绍开始之前胡思乱想的任何想法。

如果你正好身处一个嘈杂又拥挤的房间里，你也可能会因其他人的对话而分心。如果你同时被介绍给好几个人，那么你在听到对方的名字时，心中可能惦记的是接下来要见的那个人（或心思仍停留在上一个被介绍的人身上）。有的时候，注意力的缺乏或不足是可以理解的，但这本质上来说是一个很糟糕的习惯。因为经过成千上万次的介绍，你肯定已经养成了特定的思维惯性，这导致你在进行自我介绍或接受对方的自我介绍时，会不自觉地陷入既定的思维惯性——例如，习惯性地盯着自己的手帕或斟酌接下来要说的话语。

或者，你可能盲目乐观地相信自己有能力进行多任务处理，认定自己能够在脑子里头想着一大堆其他事情的同时还能够关注对方报上的名字。不论什么方式，如果你的习惯和假设并没有涉及关注或强化对他人名字的注意力的话，你就注定不可能在稍后的时刻再度想起这个名字。

如果你在介绍的过程中给予了足够的关注，这个姓名信息可能会进入短期记忆。但在记住对方的名字之后，你又立刻开始关注其他事物或信息，并将与这个人相关的各类其他信息纳入了自己的短期记忆，其中可能还掺杂了各种繁杂的思绪和在介绍过程中被唤起的过往记忆。而所有这些后续产生的新信息将对大脑造成干扰，并可能导致你无法将对方的名字变成长期记忆。

克服信息干扰的一个诀窍就是养成好的记忆习惯，即在介绍的过程中反复回忆这个名字，不断地让它反复出现在自己的短期记忆里，让它有更大的可能性被大脑处理，并整合成长期记忆。

人≠人名

导致你存在人名记忆困难的另一个原因可能听起来更隐蔽和严重。因为你的大脑事实上处理和存储类似约翰·史密斯等常见名字的方式可能不同于它处理和存储与这个人有关的其他信息的方式，例如这个人的长相、职业、家庭、喜好以及讨厌的事情等各类信息。一般情况下，大脑更擅长在与一个人相关的记忆之间建立神经连接（见图6-2）。例如，看到一个人的脸，可能会让你想起他在营销部门工作、已婚并且有三个孩子等相关信息，或是让你想起自己在上周四还见过他这样的信息。

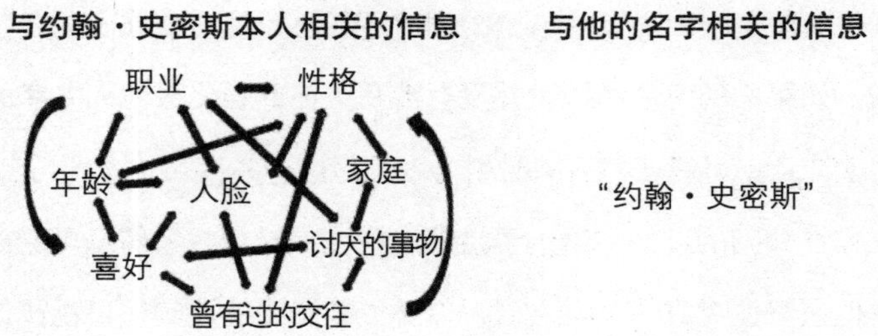

图6-2

大脑同样也相对擅长在见到或听到一个人的名字时，让你能够回忆起相关的信息（见图6-3）。例如，如果你在见过约翰·史密斯之后收到了他发来的邮件，那么你可能会记起他的长相，并想起他最喜欢的水果是金橘这一略显怪异的事实。

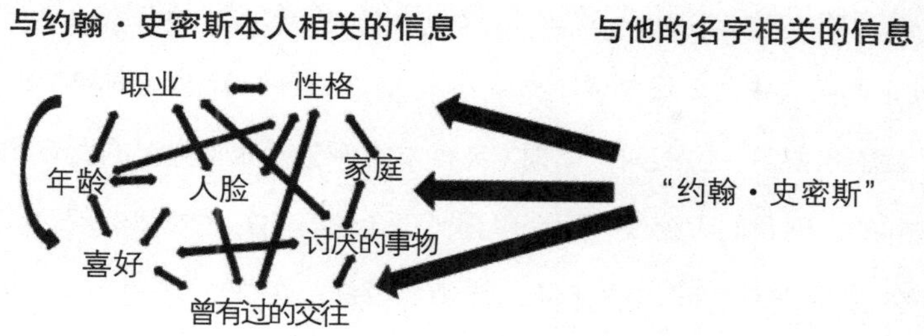

图6-3

所以，为什么反过来就不行了呢？不幸的是，在一开始时就在我们所掌握的与对方相关的信息和对方的名字之间建立强有力的神经连接，这本来就不是人类大脑擅长或者能够做到的事情（详见图6-4）。这就是为什么你在不经意间遇到对方的时候，能够立刻认出对方的脸，然后发现自己可以想起跟这个人相关的几乎所有信息，除了他/她的名字。

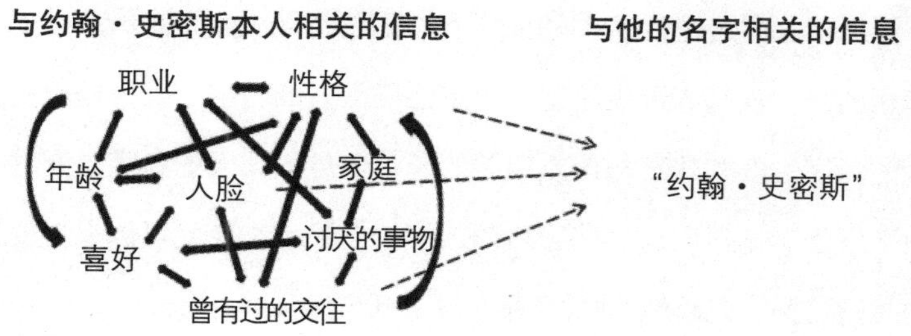

图6-4

科学家们将这种现象称为“面包师贝克悖论”（Baker-Baker paradox）。如果我们遇到一个人，了解到他是一个面包师，那么我们能在再次遇到他的时候毫不费力地记起这个事实。但如果我们遇到一个人，获知他的名字叫作贝克（Baker，与英文中的“面包师”同音同形），那么下一次互动时要想记起这个名字，就困难得多。虽然两个单词（英语中的面包师和贝克）的发音和拼写是完全一样的，但我们大脑处理两个单词所蕴含信息的方式却截然不同。

不知你有没有过同样的感觉，就是觉得你马上能想起这个人的名字了，但事实上再怎么绞尽脑汁也想不起来？科学家们将这种现象称为人际交往中的“舌尖现象”。事实证明，在你试图了解并记住与某个人相关的所有信息时，相较于与该人相关的所有其他信息，这种现象在涉及人名的时候更常见。

最后，现代技术的发展让记住并想起人名变得益发困难。电子邮件、短信和社交媒体的出现让人类变得更懒惰。当每封邮件、每条短信和每条脸书上的推文都自动包含和显示了一个人的名字时，还有什么理由或必要去了解和牢记这个人的名字呢？在面对面交流之前，这么想和这么做并没有什么问题。但是当你和对方面对面的交流时，你会发现，你所掌握的与这个人相关的所有信息和这个人的名字之间的神经关联依然十分脆弱和单薄。

幸运的是，没有人天生注定了记不住任何人的名字。因为每一次成功想起对方的名字，就意味着与该人相关的所有信息和该人的名字之间的神经通路得到了强化。一旦所有这些通路和连接足够强大，你就可以在再度见到这个人的时候轻松的记起他/她的名字（详见图6-5）。

造成回忆人名困难的另外一个原因，被科学家们称为“受限于情境的回忆”。你是不是也有过同样的经历，即在杂货店或商场意外碰到同事、老师或医生时，忽然发现自己想不起这个人的名字？尽管你在办公室、教室或医院里能够很轻松地叫出对方的名字，当你在经常交往的场景或地方之外的场合再度遇到对方时，你的脑子就变得一片空白。这是因为在我们尝试记住一个人的名字时，我们通常会将这个名字所关联的位置和状况结合存储到记忆中，并将这些相关信息作为回忆人名的微妙暗示。这样的记忆方式在常规情境下十分有效，但如果我们在其他场合或情境下再度遭遇，这些与情境相关的提示或暗示就完全行不通了。

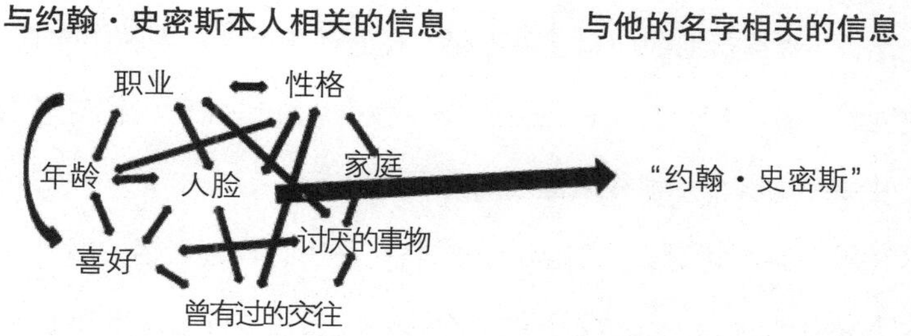

图6-5

在谈话时记忆人名的策略和技巧

下面关于记忆和回忆人名的所有策略和技巧本质上都专注于解决一个核心问题：我们如何才能够始终如一地在大脑中建立关于人脸的记忆和关于相对应人名的记忆之间的强有力的神经连接，并确保所有的连接在再度遇到这些人之前就得以维持和强化？

更确切地说，我们如何才能在大脑天生就对人名和人脸的相关信息采取不同的处理和存储方法的大前提下，依然始终如一地创建二者之间强有力的联系？解决办法就是，培养自己学习和记忆与目标人物相关的真实或虚构事物的能力，因为这些信息能够提供线索，让我们想起目标人物的姓名。

在某种程度上，这是一种投机取巧的作弊形式。或用计算机行业的术语来说，这就是所谓的“存储解决方案”。利用这个记忆技巧，并没有让你真的建立人脸和对应人名的大脑记忆之间更强的神经连接。相反，你可以做到的是创建、掌握和存储与姓名相关的提示信息或线索，且确保其方式与大脑存储与对应人脸的相关记忆的方式相同。

这样的方法，让我们在认出一张熟悉的人脸时能够自动触发相关提示线索的记忆，并最终帮助我们想起以不同方式处理和存储在大脑中的对应人名。随着时间的推移，经过反复的回忆训练，我们就能够强化人名与人脸之间的连接，并最终可以在无须线索提示的情况下想起人名。

这种策略并不新奇——事实上，这是几乎所有与记忆相关书籍的研究基础。这个策略的目标，就是要创建一个提示线索（或一组提示线索）以实现下列目标：（1）能够在你看到人脸的时候总是被触发；（2）能够帮助你想起对应的人名。下面提供一些更为流行的技巧：

将人名转化为一些搞笑但好记的信息并将其与人脸关联起来。我相信你肯定听说过这个方法。例如，如果你正在试图记住下面这些名字，那么你也可以尝试采用同样的相应关联：

- 菲利普·哈伯（Phillip Harper）：在脑海中想象他嘴上正放着一个竖琴（译者注：在英语中，竖琴的发音与哈伯这个人名的发音一样）在演奏。
- 苏·巴特曼（Sue Bartleman）：想象她正在法庭上起诉巴特·辛普森（Bart Simpson：美国动画《辛普森一家》中的人物）。
- 罗希特·辛（Rohit Singh）：想象他正一边划船一边唱歌（译者注：在英语中，唱歌和辛的发音一致，而划船的辅音与罗一致）。

这个策略能够：

- 使想象的场景变得更生动、更具画面感或更愚蠢——总之越疯狂越好。研究已经表明，与性相关的画面往往能够记得最牢。
- 将想象与该人物相关的信息或特征联系或结合起来，例如该人的脸或身材等——包括浓密的眉毛、脸上有痣、戴眼镜、头发的颜色或风格等各类信息。可以利用任何信息或特征，帮助你在再次遇到该人物的时候触发所有这些疯狂的画面。

一个类似的方法，就是将介绍的对象想象成正在与某个你十分熟悉并有着相同名字或姓氏的人进行互动，或站在这个人的旁边。例如：

- 乔治·安德森（George Anderson）：将他想象成正站在乔治·华盛顿（美国总统）边上。
- 莎拉·冈萨雷斯（Sarah Gonzalez）：想象她正手挽着你的高中老师梅图·冈萨雷斯（Mateo Gonzalez）。

在脑海里，在这张脸的上或下方写上对应的名字。这是富兰克林·罗斯福总统最推崇的方法之一，他喜欢在脑海中把对应的名字写在该人的额头上。其他人则倾向于在脑海中想象该人的名字悬浮或漂浮在他/她的头顶。图6-6展示了，如何通过为约翰·史密斯这样一个名字创建生动的图像来帮助你记忆这个名字，并在再次见到他的时候能够迅速回忆起来。

无论采用哪种方法，将一个人的长相和视觉形象结合在一起很有效果，因为你实际上做的是在通过类似的方式处理和存储的记忆和信息之间建立联系。经过不断地实验和实践，你就能够更快和更好的创建生动且便于记住的记忆线索，来帮助你想起对方的名字。

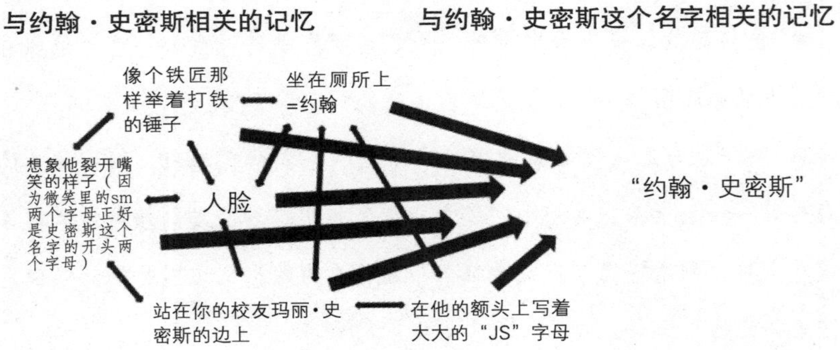

图6-6

当然，通过生动的形象创建联系也存在诸多挑战。因为有些人名很难转化为生动的形象。而一些人的脸也不具备任何突出的特征，导致你很难将画面的线索与名字联系起来。

更重要的是，没有广泛的实践，在介绍过程中的紧要关头，你也很难真正地运用前述技巧和方法。因为大多数情况下，交谈的过程并不会在你听到对方名字之后就自动停下让你反应，这就意味着你需要在倾听对方所说的话和思考接下来自己要说些什么的情况下，同时努力在脑海中创建一个视觉形象。而这个方法也将同样遭遇名字记忆方面普遍存在的信息整合问题：即你在创建视觉线索后了解到的关于对方的更多信息，也将成为阻碍，让你很难或根本没办法将这些提示线索转化为长期记忆。

事实上，运用这些技巧的最佳时段是介绍开始之前或完成之后，而非介绍进行的过程中。

在见到本人之前先了解名字

为什么非要等到介绍开始之后才了解对方的名字和长相呢？在很多社交情境下，你可以在抵达之前就要求主办方提供一张成员名单表或组织结构图。你也可以预先在网上检索相关的姓名、图片和简历描述等信息。

在见到本人之前就了解了名字（或理想的情况下，了解了长相）具备诸多优势。它让你有更多的时间（并且在一个压力相对较小的环境中）来研究这些名字并创建生动、易于记忆的提示线索，这对那些很难形成画面感或听起来像外国人名字的姓名尤为有用。它能够让姓名在介绍开始之前就转变为长期记忆，这让你能够利用初次见面的机会创建或强化人名和人脸之间的关联。而且，如果你能够在初次见面的时候就能够认出对方，并且叫出他/她的名字，就能给对方留下一个绝佳的第一印象。

在介绍过程中记住对方的名字

不幸的是，大多数时候你听到并记住对方名字的唯一机会就是在相互介绍的过程中，而这往往也是尝试了解和牢记人名的最糟糕时机。所以，与其盲目的要求自己在介绍的过程中就能够完全记住对方的名字并将其转化为永久的长期记忆，不如为自己设定一个更为合理的目标，即：

当你遇见新的社交对象时，尽可能的了解并记住对方的名字，至少要确保记忆能够持续到你有机会对名字进行书面记录。因为这能让你（1）稍后再将名字信息转化为长期记忆；（2）能够在自己忘记名字的时候以书面记录作为提醒。

一旦你将这些人的名字记录到纸上（或电脑文件或手机备忘录上），记住和想起这些名字就变得更容易。在介绍完成之后，你可以找一个压力较小的时间段，研究这些名字，并为其添加视觉形象，并与他们的长相信息进行关联或结合。你可以反复的尝试回忆这些名字以强化人名和人脸之间的联系。

要将这些名字记录在一个已知位置，这在你忘记的时候可以成为救命稻草。毕竟，找到一个正确名字的能力，肯定要远远大于从长期记忆里扒拉出那个名字的能力和几率。即便一个人因为存在大脑损伤而完全丧失了想起刚刚见过的人的名字，他在大多数情况下也能够从一系列备选的名字中辨识出正确的名字。

尽可能长时间地记住一个人的名字，以便自己能够稍后记录下来做备用，这是一个有效的技能，前提是你要养成下列习惯：

- 提醒自己要格外注意他人的名字。
- 在听到名字之后立刻重复数次，以加深记忆。
- 在随后的谈话中要尽可能多地使用新学习的名字。
- 仔细地研究对方的长相并记下任何突出的特征。
- 在介绍的过程中，在脑海里至少反复测试几次自己对他人名字的记忆。
- 在介绍过程中或在介绍完毕之后，立刻将对方的名字记录到纸上或手机通信录。

在心理层面做出承诺，着重关注名字的听取和掌握。一旦你意识到自己即将开展自我介绍或接受他人的介绍，你就要立即打起精神，在心理层面有意识地听取、关注和记住对方的名字。一个受访者曾告诉我，在他与别人见面之前，他会大声对自己说：“记住他们的名字，记住他们的名字。”如果你能够让记住对方的名字成为自己为所有介绍所设定的“脑中清单”上的必做事项，你在听到他人报出名字的时候可能会给予更多的关注并能够记得更长久。

在听到对方的名字后立刻重复几遍。你的首要目标应该是听清正确的名字并给予足够的关注和重视，以将其从余音记忆转化为短期记忆。养成在听到他人名字之后重复几遍的好习惯，因为这能够确保你在几秒钟后仍然能够想起来。

你可以通过多种方式来重复以保持对他人名字的关注，例如：

- “你好，约翰。很高兴认识你。”
- “斯里尼瓦桑，你的名字我没有说错吧？”
- “琳达，你的名字是拼写成L-i-n-d-a还是L-y-n-d-a？”
- “凯特，你的名字是凯瑟琳的简称吗？”

而在姓氏的重复方面，你同样可以尝试下列表达：

- “帕拉提诺，我说对了吗？”
- “布尔克——是怎么拼写呢？”
- “帕特森——你跟在五金店上班的乔治·帕特森有亲属关系吗？”

事实上，你采用何种方式来强化对姓名的关注无关紧要，重要的是你要养成这样的习惯。在意识到你对他们的名字感兴趣时，大多数人都会感到受宠若惊。但如果对方恰好无法接受这样的行为并觉得尴尬，你也可以向对方解释，表明自己是希望在重复姓名后能够更快更好地记住这些名字。

在随后的谈话过程中，尤其是谈话结束时一定要再次确定和称呼对方的名字。因为一旦交换名字的环节结束，你将在接下来的谈话中听到和处理更多与交谈对方相关的信息，而所有这些新吸收的信息可能会导致你无法将姓名的信息转化为长期记忆。为了解决这一问题，你可以养成在随后的谈话中提及和利用姓名信息的习惯。

显然，对交谈对象名字的重复也不可过度，避免让自己看起来无比愚蠢。但养成在对话过程中将对方的名字重复一次到两次的好习惯，能够帮助你强化交谈完毕后回忆名字的能力。具体如何再次提及或在对话中重复对方的名字取决于个人的喜好和具体的情境，并且可能会因不同场合的不同介绍的性质而各不相同，例如：

- “那么，欧内斯廷，你在何处高就？”
- “我很想知道，保罗你怎么看待我们的新任市长？”
- “你来到品尼高多久了，巴特？”

而重复交谈对方名字的最关键时刻就是谈话结束的时候。因为这能够将对方名字再次强化到短期记忆中，并确保对方的名字是你在结束对话之前大脑中处理的最后一项信息。这让你有更大的把握延长对这个名字信息的记忆并能够在稍后将其记录下来。

同时，在介绍结束时再次重复自己的名字也至关重要。鉴于大多数人都不太擅长记住他人的名字，他们很有可能在交谈结束时已经忘了你叫什么，因此，善意地重复自己的名字作为提醒，就是帮了对方一个大忙。如果你不幸忘了对方的名字，那么重复自己的名字也能够促使对方重复一下他们的名字。同样，做到这一点的方法也可以千变万化或各不相同，例如：

- “很高兴认识你。杰森——感谢你的介绍。再自我介绍一下，我叫菲尔。”
- “再次确认一下，你的名字叫做康纳，对吧？我叫米格尔。”
- “科尔宾，见到你确实很荣幸。以防您前面没有听清我的名字，我再重复一下：我叫杰瑞。”

- “卡洛琳，我期待着下周与您会面。再自我介绍一下，我叫玛丽。”
- “很高兴见到你！再自报家门一次，我叫艾米特。顺便再确认一下您的名字，你叫……？”

研究对方的外貌，尤其是面部特征。你的最终目标是要确保当你再次看到这些人的时候，他们的面部特征能够让你想起他们的名字。这就要求你不仅需要养成记住他人名字的习惯，还需要养成“记住”他人的面部和整体外貌特征的习惯。注意力应该放在突出或显著的特征上，因为这些特征能够很容易让你把他们的名字联系起来，例如：

- 头、鼻子、嘴巴、耳朵的形状。
- 头部和面部的毛发（头发、眉毛、鬓角、胡须、胡子）。
- 眼睛的颜色和间距，眼镜的特点（如有佩戴）。
- 身高和体重。
- 仪态和走路的姿势等。

正如名字的记忆一样，在交谈过程中记住对方外表特征的难处也同样在于，如何能够真正有意识的在进行或开展对话的过程中切实地看到和观察到对方的特质。有一些人会下意识地避免眼神接触，宁可盯着地板也不愿意去看交谈的人，而结果就是，在结束对话后，对交谈对象的外表和长相只有模糊的概念。

自我检测。在介绍过程中你可以做一件很有用的事情，就是在与对方交谈的同时，在自己的脑海里测试自己对他人名字的记忆。看着交谈对方的脸，并尝试记起对方的名字。你是能够轻松地瞬间想起来，还是需要思索一阵子才能记起？还是已经完全忘记了？对自己记忆能力的测试不仅能够让你确认对方的名字是否存储在短期记忆里，多次的重复也能够帮助强化人脸和人名之间的整体神经连接。如果你在交谈时已经忘记了对方的名字，那么再次确认也能够让你在交谈结束时把握机会再问一次。

如果你在结束介绍之后能够拿到对方的名片，那么你可谓是社交高手。有的时候，可以尝试交换名片。你也可以拿出纸笔，然后说："我不想忘了您的名字。所以我想立刻把它写下来。"如果你足够大胆，你也可以尝试拿出自己的手机，询问对方你是否可以录制一段视频，请对方在视频里报上自己的名字。而如果成功实现，这个视频将在帮助你建立人名和人脸之间的关联上发挥巨大的作用。

谈话结束后如何强化记忆

初次对话的结束，就意味着学习和记忆所有交谈者名字任务的开始。重点研究和自我检测是两个关键做法，能够帮助和确保自己在稍后时段依然能够记住这些人名，尤其是在关键的社交场合。

将名字记录成册

不要盲目地相信自己的记忆能力。在结束会面之后，尽快将这些名字记录下来，以便稍后翻查。如果时间充裕，可以写下关于会面对象的更多备注信息。记录的方法多种多样，下面简单列举一些常用的方法：

- 笔记本或日历。我总是在背后裤兜里随身携带一个皮革装订的小笔记本，主要用于记录人名。但如果你没有这个习惯，在紧急情况下，你可以利用身边任何可用资源来记录——无论是报告、备忘录、收据、餐巾纸或任何可以用来记录的纸片均可。对于某些人来说，动手写下一个人的名字这个举动也有助于将人名信息转化为长期记忆。

● 智能手机。将人名键入到记事本应用里，或者用语音录下名字。也可以拍摄自己说出该人名的视频。还可以在电子邮件里直接创建新的联系人。

● 电子邮件记录。可以给自己的邮箱发送含有该人名的邮件——更好的办法是给对方发一封邮件，确认会面相关的信息。邮件是特别有效的记录方式，因为不仅可以通过检索获得内容，还提供了初次会面的时间或地点等相关信息。因为我们的大脑往往更容易记得你在什么时候跟这个人见过面，却不记得这个人的名字叫什么。

● 用电脑创建联系人列表。将人名输入到自己的电脑里，最好是能够单独创建一个文档，专门用于记录遇到的人的名字，并随时更新。

你在何处、用何种方式来记录名字，有时无关紧要，最重要的是在介绍完毕后迅速进行记录。毕竟，你更容易找到并找出自己曾经写下的正确名字，而不是绞尽脑汁，试图想起一个你只听过一次或两次的陌生人名。

强化测试对人名的记忆

确保自己能够一直自信地回忆起人名的唯一方法，就是在再次见面之前抽时间学习和掌握即将会面对象的名字。画面联想法产生效果的前提是，你需要投入额外的时间和努力。仅仅依赖自己在介绍过程中获得的印象和意义，往往不准确。因此，我们为大家提供了下列的训练方法：

1. 步行测验。在新环境中漫步，观察周围路过的人并努力想起他们的名字。如果很容易就想起来，那么就继续往前走和测试。如果碰到一个人却没能想起他的名字，那么就花更多时间研究他/她的面部和外貌特征。然后，复习自己的人名列表，并尝试将名字与人脸对应起来。再次开展生动画面联系法的训练，然后再次用前述方法测试自己的记忆力。

2. 照片测试。如果你有机会获得所遇见的人的照片，可以尝试看着对方的照片并努力回忆他们的名字来测试自己的记忆力。

3. 人名列表复习法。定期复习自己记录的人名列表。在复习每一个名字的时候，尝试在脑海中勾画这个人的样貌，并联系任何你记得的与这个人相关的信息。尝试回忆那些你在第一次记忆这个人名时所使用的生动画面，或创建全新的联想画面。训练的目标是再次强化与这些人相关的信息和这些人的名字之间的神经通路，以确保你随后仍能够想起他们的名字。

4. 抽认卡训练法。我用来记忆学生名字的一个方法就是创建一系列的卡片，每张卡片上都有学生的名字和照片等信息。我会定期回顾这些卡片，并通过看照片忆人名的方法来测试自己的记忆。如果我能够很迅速或很轻松地就想起正确的名字，那么我就将卡片放到“轻松记起”的分类里。如果没能很快想起，我就将卡片放置到“很难或无法想起”的分类里。然后尝试再次利用生动画面联想法来记忆这些名字，再次测试自己的记忆。并且主要通过“轻松记起”分类里卡片数量的增加和“很难或无法想起”分类里卡片数量的减少来判断自己的进展情况。

你会发现，自己不费吹灰之力就能够记住某些人的名字，并且在几个星期、几个月甚至是几年之后依然还记得这些名字，而有些名字则很难记住，而且绞尽脑汁也很难想起，哪怕你已经花费了大量的精力来学习和掌握这些名字。如果遭遇这种情况，一定要耐心而坚持。

如果你能在与人再次见面之前花点时间来回顾一下相关的人名和长相的话，就能够极大地提高自己在会面中想起准确名字的几率和能力。研究记忆力的人员将这种现象称为：记忆预激。这个做法能够让你暂时地激活并强化与该人相关的信息和他/她的名字之间的神经通路，并在你再次见到该人的时候提高大脑建立连接的几率，让你更有可能想起正确的名字。

随着时间的推移和神经通路的强化，你回忆人名的能力将得到增强。而当你能够越来越轻松地想起名字，记忆预激的效应也将逐渐降低。

不管你付出多大的心血来练习掌握他人的名字，你还是有可能将某些人的名字忘得一干二净，甚至是那些你认识了很久的熟人的名字。根据具体情况的不同，你可以在这种忘得一干二净的情况下采取下列应急措施：

适应并利用自己的“新人”身份。如果你仍是群体的新成员，可以把心放到肚子里，因为没人指望你能够记住每个人的名字。因此，你可以经常重复自我介绍，而不会导致太过严重的社会后果。毕竟，初入社交新环境的人同时需要了解和掌握很多人的名字，而那些“老人”们则只需要了解和记住你一个人的名字即可。

你可以坦承自己忘了对方的名字，并可以用类似“我很抱歉。我在过去的几天里见了太多人，所以我不小心忘了您的名字。顺便提一下，我叫凯伦……”等表达，或者你可以再次介绍自己，例如“你好，我们上周见过一次。但我想向您再次介绍一下我自己——我叫凯伦。”对方很有可能也会再次介绍自己的名字作为回应，并且很有可能也感到松了一口气（因为对方很有可能也同样忘了你的名字是什么）。

掌握一些侦探技巧。在某些情况下，在必须与对方开口交谈之前，你有足够的时间和社会空间来尝试找出对方的名字。一定要牢记：你更有可能从一堆名字中辨识出正确的名字，而不是绞尽脑汁地挑战自己可怜的记忆力。下列方法可以帮助你做到这一点：

- 回顾自己的人名列表。而这也是为什么你应该随身携带人名清单的原因。
- 检索组织的结构图、网站或任何你认为可以找到该人名字的地方。即便你更有可能记住的是与对方相关的信息而不是对方的名字，这些信息也可以帮助你缩小人名检索的范围。
- 利用你所掌握的与该人相关的信息进行谷歌检索；这很有可能让你找到一个名字。例如，假设你知道这个人上个月在附近的社区参加了一次10公里的慈善跑步活动，你就可以检索一下参加跑步的人员名单并看看能否从中识别出正确的名字。
- 翻阅历史邮件。如果你曾经与该人有过邮件往来，以与该人相关的某些信息作为关键词进行检索（例如项目、组织、或会面的日期和具体时间等），然后就可以找到发件人的名字。
- 在脑子里把所有认识的人名按照拼音字母顺序筛选一遍，想想看，是否存在首字母跟可能正确的姓名相同的名字。这个过程有时候会直接让你想起正确的全名。
- 咨询他人。对于大多数人来说，向第三方求助并咨询某个人的姓名，尴尬程度会比直接向该人承认自己完全忘了他或她的名字要稍微低一点。即便你所咨询的对方也不知道该人的名字，这个被咨询者也有可能掌握一些与该人相关的信息，能够帮助你完成回忆姓名的任务。

要学会隐藏。有的时候，你可以通过一些较为委婉的方式来避免尴尬，例如：

● 偷听该人与其他人之间的对话。有的时候无论是在打招呼或是在介绍的过程中，你都有机会可以听到该人主动介绍自己的名字。

● 与朋友合谋。有的时候你可能会遭遇最可怕的情况，即你需要将一位朋友介绍给对方，但你已经完全忘了对方的名字。这个时候，你可以请自己的朋友主动进行自我介绍。而对方出于礼貌，也会主动自报家门。问题就完美地解决了！

承认人无完人。通常情况下，最简单也是最方便的解决办法就是坦诚地向对方承认自己的记性不好并且一时间“脑子空白”，想不起对方的名字了。有的时候你可以利用自己记得的与对方有关的信息来证明自己并没有完全的忘了这个人，只不过是一时间想不起他们的名字而已。例如：

● “我很抱歉；真是令人难以置信，我竟然忘了你的名字。有的时候我的记性真的很糟糕，甚至记不得自己的孩子叫什么。”

● “很抱歉，我忘了你的名字。有的时候，只要我有一阵子没跟一个人讲话，他们的名字就会从我的脑子里溜走。”

● “对不起。刚刚我脑子空白，没有想起你的名字。我知道你住在埃尔姆街，而且你的儿子汤姆跟我的女儿一个班。但是不知道为什么，我这会儿就是想不起你叫什么了。”

大多数人的记性都不太好，所以都能够理解你有时想不起他们的名字。在某些情况下，他们甚至会惊讶，因为你第一时间意识到自己不记得他们的名字了。通常情况下，在承认自己忘了对方名字之后所表现出的尊重和谦卑，往往才是最重要的。

记忆人名的反思和刻意练习法

好消息是，每个人都有强化自己记忆人名的能力，你需要反思、观察和实践。

回想一下，在过去的哪些情况下，你会忽然之间脑子一片空白而想不起对方的名字？你认为这些现象发生的原因是什么？是否因为你当时：

● 没能在第一次听到这些名字的时候给予足够的重视和关注？

● 没能积极主动地将这些人名的信息转化为长期记忆，无论是在介绍的过程中或完成之后？

● 在再次见到该人之前，没有通过复习和“记忆预激”的方法来再次强化对名字信息的记忆？

然后，仔细观察看看自己的遗忘是否存在既定的模式或共性。例如，你关于人名的记忆是否会因为下列因素而发生变化，即：

● 名字的类型。你是否更容易忘记那些常见的名字，还是容易忘记不常见的名字？或是听起来像外国人的名字？

● 再次遇到对方的几率大小。当你认为自己不太有可能再与对方进行互动或交流时，你是否就会下意识的不太关注对方的名字？

● 你对记住对方名字的重要性所给予的重视？对于那些你认为对自己的未来“不那么重要”的人，你是否不太关注自己是否能够记住对方的名字？

● 在既定时间段内见到的人数多寡？如果是初次向很多人介绍自己，

那么众多的人数是否会导致你根本记不住名字?

● 介绍的环境?你是否会更容易忘记在工作场所认识的人的名字,还是在排队?或是社交场合?还是组织会议?还是偶遇的情况?

● 会面的背景?你是否更容易忘记那些在不寻常的地方忽然遇见的人的名字?或在几乎没有时间回忆的情况下更容易忘记?

关于何时、何地以及为何你会忘记人名,你了解得越多,就越能够轻松地选出合适的策略和方法进行训练,并最终强化自己记忆人名的能力。

在接下来的数天或数周里,要坚定决心观察自己在结识新朋友时对名字的想法或思维。在听到对方名字后的几秒内,尝试心中默念并回忆这个名字。如果你没办法想起来,那么尝试诊断自己为何没能给予足够的关注。你是否将注意力都放在了介绍其他的方面上——例如,跟对方握手?接下来要说什么?还是因房间里嘈杂的声音或其他人的交谈而分神?如果你只能想起名字的一部分(例如起始或结尾字幕或发音、名字的长度、名字的音节数等),也要将这些记录下来。思考一下,这意味着记忆的哪个方面存在缺陷?

如果你能够想起对方的名字,继续跟对方交谈几分钟,然后再次测试自己的记忆。如果你几分钟后已经忘了对方的名字,同样也要尝试思考为何会发生这样的情况。你是否感到对方的姓名信息已经被其他的新信息所"覆盖"?你还能想起跟这个人相关的什么其他信息?对方的名字"就在嘴边但是说不出来"还是完全被遗忘了?你是否能够想起对方名字的部分信息?如果能够想起,你首先记起的是哪部分信息?

在你结束谈话并与对方道别之后,等待几分钟,然后再次测试自己能否不仅记住对方的名字,是否还能够记住对方的长相或其他突出的性质或特征。

你觉得自己关于对方姓名的记忆是否已经“牢牢地”铭记在脑中？还是略显浅薄？或是你已经完全忘了名字的所有信息？你对于对方长相的记忆是否好到可以完成一幅警方素描？如果答案都是否定的，你的记忆里到底遗漏了什么信息？

最后，提醒自己在第二天再次测试自己的记忆，看看自己能够回忆到什么程度。在接下来的几次介绍之中或之后，也坚持执行同样的测试流程，看看自己能否找出，是否存在某种模式、过程或习惯，影响了自己掌握和记起人名的能力。回顾本章前文中描述的应对策略，看看哪些方法能够帮助你更好地在介绍的过程中持续关注、掌握和记忆人名。实践这些策略，看看能否产生效果。

研究记忆力的人员已经证明，大多数人可以不断地提高自己掌握和记忆人名的能力，前提是他们反复练习倾听、重复和生动画面联想等相关记忆技巧。练习的目标并非掌握这些技能，而是让它们成为一种生活习惯。这一点至关重要，是因为只有这样，你才能够在介绍的过程中不断地利用这些技能实现更好的效果。下面是一些可供学习的练习方法：

- 随机向陌生人介绍自己。无论是零售店的收银员、图书馆员、接待工作人员、邮递员、空乘或是其他行业的人员，他们都可以成为自我介绍的对象。在此过程中练习自己听取人名、立刻重复和在交谈中使用对方名字的能力。在介绍完成后的几秒或几分钟内测试自己的记忆能力。在谈话结束后，实践不同的联想技能，不同的记录或写下名字的方式以找到最适合自己的方法。

- 练习虚拟的自我介绍。从杂志或网站上选择一个你不认识的人。假装自己正在跟这些人会面，利用联想技能来掌握他们的名字。与他们开启一段虚拟的对话，并练习自己倾听、重复和使用对方名字的能力。在几秒钟或几分钟后测试自己的记忆，看看自己能否想起他们的名字。

● 利用记忆力训练网站进行练习。例如，Lumosity提供了一整套的游戏和练习来帮助玩家提升自己的记忆能力，其中包括人脸识别和回忆游戏。在一个游戏中，你需要扮演服务生的角色，并需要记住不同客户的长相、名字和对应的订单。

如果你的困难在于初次听到名字时无法给予足够的关注，那么，你要学会排除一切干扰因素，只专注名字的听取，然后测试自己的回忆能力。如果你的问题是无法让与姓名相关的信息在大脑中储存足够长的时间，让你可以记录下来，那么，专注于在谈话过程中不断地测试自己的回忆能力，并提醒自己要充分利用生动画面联想的方法进行记忆。如果你很难形成长期记忆并回忆，那么就专注于姓名的后期记录，并建立一套体系，来帮助自己复习、测试关于名字的记忆，也帮助你在未来的互动之前做好“记忆预激”的准备。

你练习得越多，这些技巧就会变得越有效而简单。

成功记忆人名的六个步骤

1. 放松心情，意识到大部分人事实上都不太擅长记忆他人的名字。

2. 在与人见面之前就下定决心，要求自己要专注于记忆对方的名字。

3. 在听到对方名字之后立刻重复，并在介绍和交谈的过程中反复使用该名字，以确保自己能将其存储到短期记忆中。在脑海里测试自己回忆该名字的能力，以确定自己成功的记住了该信息。

4. 尽快将该名字落到纸上记录下来。

5. 利用生动画面联想方法（如果可能，尽量应用到介绍的过程中，尤其是在介绍结束之后一定要执行）。定期测试自己回忆的能力，并在再次见到该人之前通过复习名字信息来做好“记忆预激”准备。

6. 如果忘了对方的名字，你可以再次介绍自己，或检索自己存储的人名列表和文件，以帮助自己回想起该人的名字。也可以坦率地致歉，并再次询问对方的名字。

第七章
他们真的很忙吗
——如何掌握提问的艺术

在本章中，我们将探索导致我们在新社交环境中会迟疑而不敢提出疑问的根源，并学习一些能够提高有技巧发问能力的方法和策略，以让我们能够：

- 提出更具战略性和主动性的问题。
- 在主动接近他人或提出问题的时候不再感到那么紧张。
- 确保提出问题的方式能够建立或保持更为积极的印象。

我们都知道，提出问题往往是我们获得帮助、信息或建议的唯一方式，而这些恰好是能够让我们加快在社交新环境里取得成功所必须的助力。当我们还是两眼一抹黑的“后来者”时，我们需要其他更熟悉情况的人来承担缓冲和协助的工作，帮助我们过滤和筛选我们所接收到的大量新信息。此外，我们也需要他人来对我们的工作状态进行反馈，并针对至关重要的事项提供建议或意见。当我们成为空降的领导时，我们的成就在很大程度上需要依赖他人的工作。而想要获得成功，我们需要对组织内部或外部的诸多相关人士提出问题，或发布要求。

当然，我们也可以在网上找到部分所需的信息或帮助。但是大部分真正重要且有用的信息或建议，往往只存在于专家、教师、教练、销售人员、同事、邻居或其他相关人士的大脑中。对我们所面临的情况，他们往往具备更丰富的处理经验。

研究表明，进入社交新环境的人提出的问题越多，他们能够获得的帮助也就越大，在工作中的表现就变得越好；此外，同事们也会倾向于认为他们更具创意。而乐于提出问题的人往往也对自己的新工作更满意，更愿意致力于融入自己的新集体和组织；能够提出更多问题的学生也通常会获得更好的成绩。尽管提出问题能够给我们带来诸多好处，但我们有时候还是会发现自己：

- 宁可浪费时间在网络上检索信息，也不愿意走到大堂询问、或打电话咨询、或举手提问或转向坐在或站在我们身边的人提问。
- 浪费更多的时间和精力来担心要怎么向某人提出问题，而不是执行提问这个行为。
- 在离开某家商店、餐馆或医生的办公室之后开始后悔，为什么自己当时没有提出任何问题。

我通常在结束采访时会提出这样一个问题，即：“如果你能够让时光倒流，回到自己刚进入这个新环境的时候，你会改变自己的哪些行为或表现？”到目前为止，我得到的最多的答案是：“我会提出更多的问题。”

当我问及受访者，为什么他们没能在踏入新环境时提出更多问题，得到最多的答案是：

“我没有意识到别人知道正确的答案。”“我不太愿意主动接近和打扰他人。”“我觉得我需要自己搞清楚。”

其中一位受访者给出了这样的描述：

“我其实是有点懊恼的。我从没想到过要提出问题，或者从来没有意识到其他人可以为我提供这些信息。我不太情愿请求他人，或当时觉得应该靠自己的能力找到所有需要的信息。”

即便是最优秀和最聪明的人，不愿主动提出问题的心态也会导致不良影响。我曾访问过一个以优秀毕业生身份从美国斯坦福大学毕业的杰出工程师。关于她毕业后从事的第一份工作，她是这么描述的：

“我很害怕问人们问题，担心其他人会觉得我很蠢。但我现在不觉得那是处理问题的好方法。因为当时花费了我大量的时间和精力来学习和理解的一些问题，其实只要我敢于提问，其他人花个几分钟就可以帮助我解决了。”

麻省理工学院的研究员汤姆·埃伦（Tom Allen）采访了一位职场新人，然后得到了下面的描述：

“我觉得普通人都会存在身为人类的一个弱点：即不太愿意去主动叨扰自己不认识或不熟悉的其他人。要么是担心自己看起来会像是一个‘蠢蛋’，要么就是担心对方没有足够的时间给自己答疑解惑。我相信每个人从小到大都经历过不少这样的时刻。”

事后看来，许多人都能够指出，在当时情况下，他们对提问的抗拒情绪对在新环境中的表现产生了巨大的负面影响。例如，我的一位受访者曾说到自己换了一份计算机程序员的新工作。在他负责的第一个项目中，他发现自己需要将两个计算机代码的大段数据整合到一起。然而他并没有询问坐在同一间办公室里的其他同事如何更快地完成这项任务，而是选择了盲目地接受这个挑战。他花费了两个多星期的时间才最终手动完成了整合任务，而在完成任务之后他才发现，公司几个月以前已经采购了一套软件工具，可以在短短几分钟内就将这两个代码合成完毕。当时他悔得肠子都青了！

可悲的是，我们不愿提出问题这种情绪往往会造成恶性循环。如果我们不提出问题，我们往往会发现自己缺乏重要的信息，而这种不确定性会导致我们感到焦虑，从而更加不愿意主动提问。但是，在了解了我们抗拒提问背后的原因之后，通过利用一些技巧和实践策略，我们就能够更自在和更自信地进行提问。

为什么我们会抗拒主动提问

作为刚到社交新环境的人，我们逃避主动发问的原因与我们恐惧进行自我介绍的原因类似，造成我们不愿发问的根源依然是数千年人类演变历史的遗留后果。在史前时期，做出某些举动，并暴露了自己缺乏相关知识和专业能力，可能导致我们在群体中的地位下降，甚至被群体排斥。因此，为了生存，人类进化出了避免主动发问以向他人掩盖自己无知这一事实的逃避机制。

在大多数的人类历史里，我们所掌握的知识和专业能力往往需要通过我们的行为来体现。但在人类开发出语言功能后，我们的话语也会揭示我们的能力，其中就包括我们向他人提出的问题。尽管在现代社会，我们已经不再将自己与他人之间的互动视为群体内部地位的一种竞争，但当我们试图接近他人并发问时，骨子里遗传而来的对群体内部地位丧失的恐惧就会冒出来并妨碍我们的行为。

在儿童时期，我们与父母、教师以及同学之间的互动也将迫使我们学会逃避发问。在年幼时，喜欢发问的孩子往往被视为可爱，但随着时间的推移，我们会慢慢发现我们喜欢发问的行为，可能也会让对方感到烦恼或不耐烦或尴尬。我们同样也会慢慢意识到，在某些场合或时机提出问题并不是明智的做法。此外，我们身边的所有人都警告我们，永远也不要跟陌生人说话，这就导致我们成人之后更不愿意向不熟悉的人提出问题。

在学校里，我们被告知在提问之前要先举手，等着老师点到我们，然后在全班面前把自己的问题大声说出来。压力山大！而且我们很快发现，所提出的问题能够真实反映提问者的真实状态。比如，这是不是一个好问题？或者，提出这个无聊问题的孩子是不是根本没有做作业？或者，提出这个天真问题的人压根没有真正了解大局？还是提问的人之所以提出这种极具挑战性的问题不过是为了给老师留下良好的印象？或者，有人试图通过提出一个胸有成竹的问题来证明自己才是整个班上智商最高的孩子？难怪大多数人在毕业之后变成了宁死不愿开口提问的人。

总体而言，现代教育的竞争性和相互比较及攀比的性质已经让很多人变得更不愿意在需要发问的情况下主动提出问题。教育研究人员艾莉森·莱恩、林利·希克斯以及卡罗尔·席德格里对443名五年级学生进行了研究。研究发现，那些更关注自己是否表现得比其他学生更优秀的学生，相较于那些旨在不断学习和提高的学生来说，更不愿意主动提出问题。一旦我们将每一次的提问都视为是对我们个人能力和自信的“披露”，我们就会更加对提问感到焦虑和迟疑。

而互联网的便捷性也加重了这一负面情绪。互联网成为了现代人最主要的信息来源之一，通过简单的点击几次搜索引擎即可获得我们想要获得或需要的大部分信息。但互联网的益处（或弊端）也恰好是，它允许我们可以在无须四处走动并尴尬地与他人接触然后十分焦虑或紧张的提出问题的前提下，同样获得信息。尤其是帮助我们避免了与陌生人的尴尬互动。

例如，在出现了Google地图、MapQuest和GPS等定位导航系统之后，我们再也不需要停下来并向路人打听方向或地址了。利用Yelp和Trip Advisor等出行应用，我们无须咨询酒店的员工或其他陌生人也可以知道当地都有哪些值得推荐的参观。自从有了自制的YouTube居家视频，我们再也不用向五金店的员工承认我们根本不知道如何铺平自己浴室地板这种令人尴尬的事实。哪怕我们不得不提出在线问题，由于其匿名性，在线提问所带来的压力也将远远低于面对面的提问。

当我们不得不面对下面的情况时，问题或压力就随之产生，例如：

- 当我们想到自己总是要在互联网上进行令人精疲力竭的详尽搜索之后才能获得提问的权利时。
- 当我们感到自己提出那些可以通过互联网检索就可以获得答案的问题是不恰当的时候。
- 总是习惯性地依赖于互联网来寻求答案，哪怕我们知道这可能是获得正确信息的最糟糕途径。

更重要的是，如果我们主要依赖互联网作为信息或答案的主要渠道，我们就无法获得重新调整大脑思维模式所必须的锻炼和反思，从而无法更好地掌握提问的技巧或具备更自在和自信提出问题的能力。

三个问题

我们对提问的迟疑和抗拒心理，往往来源于我们在想到要提出问题时在潜意识里对自己提出的下列三个问题：

1. 此时此刻向这个人提出这个特定的问题是否合适？向自己提出这个问题的目的在于判断向这个特定的人选提出这个特定的问题是否会违反任何现行的社会规范。一般来说，我们往往更抗拒向处于更高地位的人提出问题，包括：我们的老板、老师、教练、专家、医生或牧师等备受尊敬的人或其他知名人士。因为这背后有个不成文的社会假设，即这些人的时间比我们自己的更有价值，所以我们往往在提问之前会质疑自己，拿着某个特定的问题去打扰这些时间价值更高的人，是否会在某种程度上“违反社会的潜规则”。例如，你肯定不会找到自己的公司总裁，问他厕所在什么地方。

此外，我们往往也不太愿意向十分忙碌的人提出问题。因为在对方显然专注于别的事物时向对方提问背后所代表的冒犯，要远远高于在对方闲站在饮水机旁的情况。鉴于身居高位的人往往十分忙碌，我们可能更不情愿向这样的人群提出问题。一位受访的职场新人是这样描述的：

“我有点绝望……每个人看起来都很忙。所以我根本没办法打断他们并提出自己想问的问题。提姆先前外出了一段时间，回来后就跟市场部的营销人员开始交谈；桑德拉则正在与其他人员交流。但是我又刚好处于一个迫切需要指导才可以继续工作的阶段。无奈之下，我只好打开自己的工作账号，随便找一些新的软件来尝试运行。这个处理办法看似合理，却违背了我个人寻求他人帮助的初衷。”

2. 如果我向特定对象提出了某个特定的问题，对方会如何看待我？

这个问题关注的是被提问的对方将如何评估你的工作能力和提问意图。你所提出的问题会让你显得聪明或是无能？精明或是天真？专家或是初学者？你越是想要在他人面前创造或维持一个良好的形象，这个问题造成的恐惧心理就会越严重。

此外，我们还约定俗成地认为，我们处在一个新环境中的时间越久，就应该知道或掌握越多的新信息。一位职场新人就此做出了下面的描述：

“我有点担心自己会提出什么愚蠢的问题——我觉得我在这里待的时间越长，就应该了解或掌握越多的东西。而且我应该随着时间流逝能够掌握一切，哪怕是那些跟我自己的项目完全不相关的东西。”

研究表明，与女性相比，男性在提问方面所呈现的迟疑或犹豫程度更高，尤其是当男性身处下列情况时：

- 当他们感到自己身处一个竞争激烈的环境中。
- 当提问可能暴露他们在传统意义上属于男性特长领域的无知状态时。
- 当提问可能违反男性应该能够自力更生或“自控”这一传统社会预期或价值观时。

3. 如果我此时向某个特定人物提出这个特定问题，我会如何看待自己？

有时这是所有人都最不情愿提出的问题。因为我们往往很难接受这样的事实，即我们并不如自己想象的那样渊博，或我们在某个场合更像是一个初学者而非专家，而这往往是我们羞于承认的。如果你发现自己不愿意向某个你认为不太有可能再次遇到的人提问，那么造成迟疑的原因更有可能是担心损害自己的自尊心，而不是通常情况下我们认为提问会导致的长期社会风险问题。

高估了被“拒绝”的可能性

在很大程度上，我们不愿意主动接近他人并提出问题的根源在于，我们认为自己在向对方寻求帮助、信息和建议的同时，不具备提供同等回报的能力。我们占用了对方的时间和精力，而对方能够获得的（至少在最初阶段）不过是我们的满心感激。我们脑补了自己在提问过程中将造成的诸多麻烦和负担，也为对方构想了无数拒绝我们的正当理由。我们真正担心的是，当我们向对方，尤其是陌生人提出问题时，将无可避免地遭到拒绝和回绝。

但研究人员弗兰克·弗林和凡妮莎·博恩斯发现，我们往往高估了其他人拒绝我们请求的概率。在一项研究中，他们向一群本科生提问，要求受测人群预测自己需要向多少个陌生人提问才可以完成五份调查问卷。平均数据显示，受测学生认为他们需要至少提问二十个人才可以完成。但事实上，他们只提问了十个人左右就完成了任务。同样的情况也发生在其他的测试项目中，例如当他们要求受测学生预测自己需要寻求多少个陌生人才能够借到一台手机的时候，受测人员预测人数为10人，但实际上只需要6人；当他们要求受测学生预测自己需要询问多少个陌生人才能够找到一个愿意带领他们游览校园并找到学校的体育馆的人时，受测人员的预测人数为7人，但实际上只需要2人。

人们是否真的高估了在现实生活中遭遇拒绝的几率？为了找到答案，研究人员与非营利组织“培训团队”（Team in Training）联手展开了研究。培训团队通过为耐力性赛事，例如马拉松和铁人三项等赛事的运动员提供培训来募集资金，用于白血病研究。作为交换，受训的运动员们同意捐赠最低额度的资金（具体金额取决于比赛类型，从2100美元到5000美元不等）。

弗林和博恩斯请运动员们预测他们需要寻求多少人的帮助才能够达到他们的筹款目标。运动员们预测的人数平均为210人，但事实上，他们只需要找到122人即可实现目标。即便是那些曾经在前一年成功募集资金的运动员也明显地高估了自己需要寻求的人数，也大大高估了自己遭遇拒绝的几率。

当研究人员探索人们不断高估其他人拒绝自己需求背后的原因时，发现当我们在考虑是否寻求他人的帮助时，大多数时候更专注于我们的请求是多么的不合时宜以及其他人可能拒绝我们的无数正当理由。但是我们很少从对方的角度来看待这个问题，并且也没有想过，礼貌地拒绝一个合理的要求有多困难，或从未想过愿意回应他人的提问能够带来的诸多好处。

大多数人都希望能够被视为（而且也自我认定为）一个能够提供帮助的人，能够因自己所掌握的知识或专业技能而得到重视。而我们能够展示自己的有用性和专业性的一个方式，就是接受他人的请求并回答他人提出的问题。回想一下，上一次你在街上被人拦住问路时自己的反应如何。你的第一反应是拒绝？还是主动提供帮助？在离开的时候，你是感到不厌烦，还是感到温暖和满足，因为自己是一个能够为他人提供帮助的“有用之人”？

我的一位受访者是这样描述这些好处的：“我最终意识到人们其实非常享受被提问的状态。因为很多人将对方的请教视为对自己的一种肯定和赞美。”

所以，当你发现自己迟疑着不愿意向他人提问时，你可以设身处地，从对方的角度来分析一下这个问题。问问自己：“如果我处在他/她的位置并具备他/她的知识和能力，然后当一个新人走过来并向我提出一个问题时，我会怎么想和怎么做？”如果你的条件反应就是停下手头的事情并回答这个问题，并且认为这再正常不过了，那么你到底为什么会坚定地相信对方在面对你的问题时会产生完全相反的反应和情绪呢？

如何让提问过程更轻松

一定要记住，如果你不提出问题，那么潜在的损失可能更大。

预先准备：建立人际关系

通常情况下，能够最有效降低抵触情绪的最简单方法就是首先介绍自己，并与对方建立一个友好而积极的人际关系，然后才能在必要时向对方提出问题。你认识的人越多，能够得到回应和回答的选择和几率也越大。此外，如果你已经跟对方打过两次、三次甚至数十次交道，你提出问题的举动也不太可能会导致留下糟糕的第一印象这一让你困扰和迟疑的后果。

自我介绍也是一个绝佳的机会，让你能够了解对方掌握了什么信息或知识，并判断对方可能对你未来提出的问题做出何种反应。在介绍的过程中，你也可以尝试请求对方的提前许可，以便能够稍后提出问题。假设你说“不知您是否介意我有时带着问题前来叨扰？”时，大多数人都不会拒绝这样无害的请求。而这一肯定也让你有充分的理由在以后遭遇问题时大胆“叨扰”对方。同时这也让对方在面对你可能的提问时难以拒绝你的请求。

思考自己的心态：你的诉求和理由是什么

问问自己，向对方提出一个问题的真正意图是什么。你所寻求的是信息、建议、反馈、协助、肯定还是许可？你要求对方提供的是几分钟的时间还是更多其他的需求？被提问的对方是否必须作出提供答案的决定？你对自己的诉求越清晰，你就越容易作出提问的决定，也更有可能让对方理解你的诉求，并得到一个相对有效的答案。

有没有可能你所提出的问题是愚蠢或不适当的，并可能导致你留下糟糕的印象？答案是肯定的。任何告诉你“没有所谓的愚蠢问题”的人都是在欺骗你。但是你也要知道，最容易提出一个愚蠢问题的方式就是在毫无准备的情况下提出一个不知所谓的问题。

研究也同时证明，提问者对提问这一行为本身的心态和了解也会对最终的效果产生影响。如果提问的主要目标是了解如何才能够更高效的完成工作，那么提出的问题越多，职场表现就变得越好。但如果提问的本质目标是让其他人代劳完成自己份内的工作，那么再多的提问也无法改善职场新人的工作表现。

换句话说，当我们分析职场提问现象时，“教导我”的心态往往要比“直接告诉我答案”的心态更有效。直白地说，请他人“帮助自己学会如何解决自己的问题”总是比“请他人直接帮忙解决自己的问题”的效果更好。

做好准备

当然，你用来骚扰那些日程繁忙的人的问题，也不应该是那些通过谷歌检索或是公司官网和数据库检索就可以轻松找到答案的问题。有的时候，网络检索问题的答案本身就可以帮助你不断地优化和提高自己提问的能力。然而，如果你可以很快通过提问他人而迅速获得信息，那就不必盲目地将自己宝贵的时间浪费在搜索引擎上。

一个有效的判断原则就是：只要你检索答案的时间已经长到让你认定所检索的答案不是那么显而易见，且你所提出的问题有一定意义，那么检索的过程就应该结束了。如果你依然担心自己会提出一个愚蠢的问题，那么不妨这么想：网上现在充斥着各种各样愚蠢的问题，如果你没能立刻找到存疑问题的答案，那很有可能你想要提出的问题并不愚蠢。

在进行检索的时候，也要考虑到收益递减的规律。一旦你确定问题的答案并非唾手可得，那么下一个检索结果的页面、网站、报告或未读邮件能够提供一个明确答案的可能性也非常低。到了这个时候，你最好立刻站起来向其他人提出这个问题。

谁才是恰当的提问对象

一旦你意识到自己需要信息、帮助和建议，你应该首先寻求什么人的帮助？有的时候，人选是唯一的，但很多时候，你对于所提问对象的选择具备控制权。在这种情况下，你在选择提问对象的时候，应该考虑下面三个问题：

谁能够提供帮助

很显然，你应该选择那些你认为掌握答案的对象进行提问。可能的人选包括你的经理、教师、专家、同学或坐在隔壁工位的同事，具体的人选取决于问题的类型。不要理所当然地认为，所有的问题都应该向自己认识的知识最渊博的对象提出——普通人所掌握的信息和具备的能量可能会大到让你震惊。

如果你确实不知道要问谁，那么有的时候你需要意识到能够即刻提供帮助的人不一定需要掌握答案，但他/她能够向你指出或为你引荐能够提供答案的其他人。但你需要将自己的问题从“你知不知道……”转变为“你认不认识谁知道……”。

谁看起来更友好也更容易接近

在所有可能为你提供帮助的人选中，你觉得跟谁打交道最自在？在考虑提问对象的过程中，你纳入考虑范围的因素可能多种多样，并最终倾向于选择：

- 你曾经成功寻求过帮助的人选。
- 曾经给予过提问许可的人选。
- 具备友好、乐于助人性格的人选。
- 看起来特别适合回答这个特定问题的正确人选。

需要再次强调的是，我们天生就倾向于低估他人提供帮助的可能性，尤其是那些行程繁忙和身处高位的人群。需要注意的是，即便有些人看起来永远都是一副脾气暴躁和动辄发怒的状态，并不意味着他们永远会拒绝回答他人的问题，尤其是拒绝新人的问题。

此刻是介入和提问的好时机吗

你的选择有可能也取决于你是否认为当前时间是打断对方手头正在进展事情，并提出问题的最佳时期。有的时候你能够很明确地感觉到现在不应该或不能够打断对方，但更多时候你难以判断时机是否恰当。

不要自以为然地认定，当对方正在忙碌时，你就不能够接近对方并提出问题。你要意识到，在工作场合或许多其他公共场合的活动中，大多数人基本上无时无刻都处于忙碌状态。在踌躇的时候，你可以设身处地的从对方的角度来思考一下。假设你正在从事对方手头忙碌的事情，你是否愿意回答别人的问题。如果答案是肯定的，那么你就可以大胆走向前，并提出自己的疑问。

如果你能够在主动接近后，安静地等待对方注意到你，然后再询问自己能否提出问题，提问这一举动的社会风险将有可能（并且肯定）能够降低。你可以利用下面的开场白：

“现在方便向您提一个问题吗？”

“您是否介意我现在向您提一个问题？”

“你有时间回答我的一个问题吗？还是我稍后再过来？”

这些提问有技巧的给对方提供了选择的空间：对方可以决定现在就回答你的问题或稍后再回复你。此外，让对方大概了解回答这个问题需要花费多长时间，也能够帮助对方决定是否或什么时候回答你提出的问题。例如，“我想知道您是否能够给我演示一下这份报告的正确格式。我感觉您花个五分钟的时间跟我解释一下，我应该就可以自己搞定了。”无论哪种方式，都能够帮助你降低提问给对方造成的潜在负担和社会风险成本，因为你给予了对方相应的控制权，让对方可以把控本次打扰和提问的时长和范围。

新的社交环境其实让提问变得更简单

当你需要向陌生人提问时，你要知道我们具备了一个秘密武器，能够让被提问的对方：

- 更愿意中断自己手头的事情来提供帮助。
- 不太可能因为你提出了一个“愚蠢的”问题而对你印象糟糕。

- 愿意原谅你一开始的笨拙错误和低级失误。

这个秘密武器就是新的社交环境。

下面我们来做一个简单的测试：假设你正忙于工作，一个不熟悉的人走上前来并对你说出下面这一段话：“你好，我叫萨拉。你知道我们的办公用品都放在哪儿吗？”你会是什么反应？

然后设想一下她说的话变成：“你好。我叫萨拉。我是新来的，今天是我第一天上班。你知道我们的办公用品放在哪儿吗？”

感觉到差异了吧？通过在提出的问题中插入类似“我是新来的”等表述，你能够同时实现几个目标。首先，通过类似表述，你能让对方将你的冒失行为视为正常行为，从而大大的降低了打断他人所隐含的社会风险。其次，大多数人不仅期待新人提出问题，并且还倾向于认为，新人往往无法自然而然的就自己掌握所处企业或团队约定俗成的规矩，并知道关于何时或何地能够恰当地提出问题的具体信息。这一做法能够避免对方将你视为一个令人烦躁的打断者，而是将你的行为视作常态的社交表现。

通过利用“我是新来的”这一策略，也能够确保对方能够放宽标准，评估你所提出的问题。对于已经身处该团队或企业一段时间的老员工来说，那些愚蠢的问题对于一个新来的人而言，可能是再正常不过的问题了。同时这还能够确保对方提供的答案适合你的情况。因为当对方知道你是一个初来乍到者，且对于所处的情况所知不多时，回答问题的人往往会倾向于提供一个更为全面、详细的答案。

最后，很多的团体和组织都会制定一些社会规范，以鼓励老成员或员工对新员工欢迎并提供支持。一开口就宣布自己的新人身份有助于触发该协助机制。视具体情况的不同，你可以酌情借用下列开场白示例，如：

“这是我第一次到这里来……”

“我刚刚加入……”

“我从来没有从事过类似任务……”

同样的策略也同样适用于跟完全陌生的人打交道的过程。但需要注意的是，在人们知道你是新成员之后，再反复提醒这一点，会显得非常奇怪。

提问的艺术

因为需要提出的问题可能各不相同，并存在无数需要提出问题的不同情境，我们也无法提供某个具体而确定的建议。但请牢记下列通用建议：

- 保持问题简短。你提问的时间越长，对方就越难以理解你的意图。

- 简明扼要地解释自己提问的原因。尽量在几句话里解释清楚自己为何要提出这个特定的问题以及你将如何利用问题的答案的信息。

- 证明自己做过前期的准备。如果你担心自己所提的问题本应是自己通过努力或检索就可以解决的，那么尽可能用一两句话来描述自己为了找到或得到解决方案而做过的前期工作——概述自己已经掌握的信息或知识。

- 避免一问多事。不要在一个问题里提出多种不同的需求或事情。如果你同时提出了几个性质不同的问题，大多数人根本无法记住你一开始都问了些什么。

- 仔细听取答案。有的时候，我们过于忙于思考接下来要问什么，而忘了听取对方就当前问题给出的答案。

- 提出后续问题，但不可强求。有的时候我们提出的第一个问题所获得的答案可能会触发其他相关的问题，但仅在需要的时候进一步发问，不可为了提问而问。

- 占用的时间不要超过对方的限度。如果你感觉到自己所占用的时间已经超出了对方能够给予的限度，那么应该礼貌地询问可否稍后再度交流。

- 记得道谢。尽管这应该是无须赘言的举动，但不要忘了感谢对方为你提供的信息。如果对方真的竭尽全力在帮助你，那么一封感谢信（有时候可以抄送对方的老板、教师或教练）的效果更好，因为这不仅仅能够表达你对他/她的谢意，更能够让该人在未来为你提供帮助的意愿更强。

- 确保有始有终。如有必要，可以让对方了解到他/她所提供的信息最终为你提供了何种帮助或协助你完成了什么任务。如果对方能够看到自己的行为确实有所助益，那么他们则会更倾向于在未来继续为你提供帮助。

找到一个好搭档

当涉及到提问这件事情，最有帮助的一件事就是找到一个好搭档。他/她应该具备以下特质：

- 乐于助人（或知道哪些人乐于提供帮助）。
- 平易近人（与之打交道的社会风险较低）。
- 可放心叨扰（但需在合理的前提下进行）。
- 心胸宽广（能够原谅你所有“愚蠢”的问题）。

这个好搭档可以是你的上司、导师或老师，但通常是你身边扮演着与你类似角色并有着平等地位的人。这个人可能不是初来乍到，但也并非“老油条”。因为只有这样，他/她才能够体会你的处境，并能够理解你所提出的“愚蠢”的问题背后的原因。

提问的反思和刻意练习法

出乎意料的是，让你能够更加自如地提出问题的最佳训练方式，竟然是通过反思和刻意的练习。那些优秀的电台或电视台记者们也并非天生就具备自信而自在的向那些身处高位、日程繁忙的重要人物提问的能力。他们通过成百上千次的访谈和无数次的提问，不断锤炼自己的访谈和提问技巧，同时也通过不断的回顾和反思自己的提问表现，来实现提高。因此，你同样也可以通过类似的训练方法达到很好的效果。下面这三个简单的步骤，就能够帮助你完善社交中提问的艺术：

1. 审视造成迟疑情绪的原因。

回想一下自己的经历，思考自己不愿意主动接近他人并提问的原因。是什么让你犹豫不决？你是否过度担心自己的问题会打断对方并造成麻烦？或你更担心的是对方会因为你的问题而对你产生什么样的印象？或你的自尊心让你无法接受自己不得不向他人提问求助这一事实？

然后找出造成迟疑现象的隐藏规律。例如：

你是否在面对特定类型的提问对象时会感到犹豫不决——比如你的上司、专家、教师或教练？男性或女性？来自不同文化背景的人？

他们是完全陌生的人或刚刚结识的人这一身份，是否会对你的提问行为存在不同的影响？如果他们是完全陌生的人，那么你是否会对自我介绍或提出问题感到更加焦虑？

有其他人在场是否会影响你提问的主观意愿？你是否会更担忧被提问对

象对你的看法或其他听到你所提问题的人对你的看法?

对专业程度的期望值对你的提问意愿有多大的影响?在哪种情况下,你更不情愿提出问题：当对方认为你是一个初来乍到的新人时,还是当对方认为你已经是行业专家时?

掌握这些问题背后的原因之后,你将能够更好地准备自己并针对某些特定的情境展开训练,并进而解决那些会导致你产生焦虑或抗拒情绪的特定问题。

2. 观察自己在提问过程中的表现。

从未有意识地观察和反思自己在提问过程中的表现和状态,可能是导致你始终无法自如提问的一个主要原因。如果你曾经观察过,那么你应该已经能够意识到,主动接近他人并提问的社会风险,要远远低于大脑固有思维和过往的个人经验对社会风险所形成的错误判断。

要坚定决心,有意识地观察自己在接下来几天和几周内提问时的表现。记录自己能够毫不犹豫或不假思索的提出的问题类型,还有会造成你的迟疑或焦虑情绪的问题。并分析这些模式能否让你更进一步的了解背后的根源,并解释自己为何会对向某些特定人群提问或提出某些特定类型的问题而感到焦虑。

然而,尝试在每次提问时,都将自己从现场抽离出来,以旁观者的角度来观察整个提问的过程并思考其相应的结果。在此过程中,可向自己提出下列问题：

- 对方对你的打断和提问的需求作何反应?对方看起来十分恼火还是相对友善?对方发出了什么信号让你作出了提问的决定?

- 你提问的质量如何？你是否注意听取自己提出要求的方式？你的表述是否足够清晰、足够简洁、足够自信？你是否提供了足够多的信息来解释自己提出这个问题的背景和缘由？
- 对方提供的回答质量如何？是否解决了你提出的问题？如果未能解决问题，原因是因为提问的方式不恰当还是因为对方不具备解决问题的能力？
- 对方在提供回答的过程中表现出何种情绪？对方的回答是充满了热情，还是不情愿、烦恼或沮丧的情绪？对方是否因为你前来提问而感到欣慰或愉悦？
- 基于对方的反应，你认为他/她对你的根本判断是什么？对方是否看起来认为你提出问题的行为很白痴？
- 如果将角色对调，你成为了那个被提问的对象，对方的反应是否会因你的情绪或行为而有所不同？
- 你一开始的不情愿情绪是否合理？你最初的担忧和恐惧是否成为了现实，还是你惊喜地发现交流的过程其实相对愉悦？
- 你结束本次谈话的方式，是否能够让未来继续向对方寻求帮助或解答变得更容易？
- 事后看来，你可以在哪些方面采取不同的做法从而让提问的效果更好？有哪些体会或经验值得你记住，并能够在下次提问时提醒你改变做法从而降低尴尬的程度并让你能够减轻提问的焦虑情绪？

你花费越多的时间来仔细观察和反思自己的提问，你就越容易找到针对性的策略来完善自己的提问技巧，并让自己显得更自信。将所有的反思以日记的形式进行记录也会很有用，因为这不仅仅为你提供了足够多的“翔实数据”以开展后期的模式分析，记录这一行为本身也能够让你产生更高质量的反思分析。

3. 寻找实战的机会

在进行了详细的反思观察之后，你就做好了准备，可以随时寻找和利用各种机会来锤炼自己提问的能力，尤其是那些可能让你感到抵触的场合。你能在日常生活中找到无数的机会来提问。尽管所有你不得不面对或关注的新环境都可以锤炼你的提问技巧，但有时候，练习提问能力的最佳场合反而是那些社交成本较低的熟悉场景——或至少是那些对你的生活不会造成太大长期影响的场合。你可以充分发挥好奇心的导向作用，自己真正感兴趣或想要了解答案的领域大胆发问。我们建议你可以尝试在下列情况下提问：

- 在购物、点餐或采购时，咨询销售人员、服务人员和收银员关于产品和服务的相关信息。
- 在工作中，向办公室行政管理人员、食堂员工和门卫询问相关问题。
- 向自己在火车、飞机、团队旅游、音乐会等场合遇到的人提问。
- 停下来问路（哪怕自己手上有GPS）。

在每一天的日常生活中，你应该尽可能的寻找所有可以提问的机会，尤其是那些你发现自己曾经十分抵触的情况。然后坚定主动接近他人和尽力提问的决心。在体验发问过程的同时，有意识地反思自己的体验。如果训练的方法取得不错的效果，那么可以要求自己在每去一个地方或每参加一次活动至少都要提问一次。如果你还是担心自己在提问时表现不好，可以在接触对方前先在心里将想提的问题反复演习几遍。

如果你最抵触向身居高位之人提问，你就应该主动寻求类似的机会来锻炼自己。例如，在工作中，你可以找机会，尽可能多的以提问的方式跟自己的上司或其他高层管理人员进行交流。在工作场合之外，可以向医生、牧师、警察或政治家提问——只要是他们是你曾经十分抵触提问的对象（或你认为自己未来会抵触的对象）。

如果你产生抵触情绪的原因是担心可能给忙碌的对方带来麻烦，也应该尽可能寻找机会十分礼貌地寻求对方的帮助。这样可以尽可能锻炼你“叨扰”他人的能力。然后就对方的反应进行反思和反馈。当然，你也不应该为了锻炼而刻意打断他人手上的关键工作或提一些毫无意义的问题。哪怕对方看起来异常忙碌，你也可以尝试通过提问探索他人在正常的工作时允许他人打扰的底线。

可以尝试以“我是新来的”或“这是我第一天上班”作为恰当的开场白，然后看看人们如何回应。如有机会，可以尝试在省略前述开场白的情况下直接提问，并将对方的不同回应进行对比和分析。

你可以尝试将世界想象为专属自己的“练习场”。你有无数的机会来通过提问让人理解一个精心设计和提出的问题，或者可以假装自己是一个正在收集关于特定主体的研究材料或信息的记者，有的时候树立一个记者的心态可以让你从内心有底气和理由来提出自己想问的问题。

成功提问的六步骤

当我们进入新的社交环境时，提问往往是让我们迅速成长并获得成功的唯一快捷方式。为了克服自己的抵触心理，在提问之前，你应该：

1. 在开口提问之前先与可能的提问对象建立人际关系。

2. 思考自己的需求及其背后的理由。

3. 如果时机恰当，那么需要确定向谁提问。你可以问自己：谁能够帮上忙？谁看起来比较友善并好接近？我现在能否打断他人的工作？

4. 培养提问的技巧和能力。牢记问题应简短、应解释了提问的原因、能展示你已经做了前期的检索和准备、并避免一问多事；此外，还可以提出后续问题（仅在必要的情况下）；获得答案之后要记得道谢，并不要占用对方过长的时间。此外，记得有始有终，并在必要的情况下让对方知道所提供答案的后续效果。

5. 最后，在自己初入新的社交环境时，找到一个可以为你提供指导和帮助的好搭档。

如果你能够勇敢地尝试在各个场合尽可能多的提问和练习，并对自己的经验进行仔细的反思，你将能够在提问时变得更自如和自信。不要指望自己一夜之间就可以成为一个充满自信的提问者。但只要能持之以恒的开展科学训练，你终将成为一个提问大师！

第八章
学会交朋友
——如何高效建立新人脉

职场、学校、教堂、健身俱乐部或是新社区，我们遇到的社交新环境是什么并不重要，因为我们的社交是否高效往往取决于我们建立全新人际关系并尽快融入新群体的能力。因此在本章中，我们将探索之所以抵触建立和培养全新的人际关系背后的原因，并学习能够帮助我们提高自己的人际能力的社交技巧和方法，以确保我们在社交新环境中建立的人际关系不仅仅停留在最初的相互介绍阶段，进而与所有新结识的人成为朋友。

通过建立新的人际关系，我们可以：

- 能够获取可帮助我们快速适应和融入所必须的信息、帮助和建议。
- 建立在社交新环境中必备的人际关系和合作，以成功地扮演我们的新角色或完成新工作任务。
- 获得社会支持，以帮助我们承担风险、尝试新事物和平稳的度过充满波折的初期适应阶段。

- 满足我们对归属感和被接受和认可的最根本社会需求。

在有些情况下，这种状态是暂时性的；我们建立的人际关系仅仅持续几分钟时间。而在其他情况下，我们在进入一个社交新环境时，希望自己与其他成员建立的人际关系能够持续较长时间，并能够在未来的很多年中为我们提供能量、成功和深层次的满足感。如果我们以新任领导的身份出现，那么我们需要依赖他人来帮助我们完成几乎所有工作。我们能否快速与该组织内的（甚至包括组织外部）的其他成员建立高效、高质量的人际关系，在很大程度上决定了我们未来工作的成败。

人类本质上是社会性动物，研究也一再表明人际关系具备至关重要的作用。下面这段来自一位受访者的表述，讲述了人际关系的社会能量如何改变了他对新工作的看法：

“我曾就职于后勤部门。那是一个庞大的部门，要求我们经常性地来回沟通。所有新员工彼此之间很快建立和发展了十分紧密的关系。然后我们开始相约下班后一起休闲娱乐，或在周末一起听演唱会。我们成为了关系很密切的好朋友。这是我没有期待过的。所以每天我都迫不及待地想去上班，因为我可以跟自己最好的朋友们一起工作。虽然这是工作场合，但你不会觉得它是一家冷冰冰的公司，而更像是一所大学，因为大家的关系真的又紧密又友好。”

既然人际关系具备诸多好处，为何我们有时不愿意主动迈出第一步，积极开始全新的人际关系呢？为何我们宁愿坐等其他人主动迈出第一步（而这往往不会发生）？进而随着时间的推移，我们感到自己与他人之间的关联和社交效果要低于自己的预期。

在我的受访者中，很多人更担心自己无法在新环境中交到朋友，而没那么担心无法承担或完成全新的角色或任务。曾接受我采访的一名MBA学生十分担心自己无法“适应”商科学校的环境：

“我从来不觉得自己能够跟商人们打好交道。我有轻微的社交恐惧，而且很担心自己根本没办法融入环境、跟其他人处得来或能够交到朋友。相较于我对交朋友的担忧，学业根本就不是什么大事儿。我压根不担心学业的困难或繁重的工作量……但我没办法不担心自己社交方面的问题。”

我也采访过一些擅长交朋友的人，但他们同样担心自己在新的职场中能否建立有效的人际关系：

“我觉得自己还挺擅长交朋友的。但在职场中，我却偏向保守和退缩。因为我十分看重别人如何评价我的职场形象和专业性以及担心自己看起来是否足够专业和敬业。所以如果我向其他人提出工作相关的问题，我不确定别人到底会怎么看我。”

而其他人则持有截然相反的观点：

“如果我是上位者，我的身份就要求我必须外向、热情、善于交际，这我肯定能做到，否则我宁可选择站在一旁当背景板……我能够跟那些志趣相投的人相处得不错，但我不喜欢参加那些没有一个熟人的聚会或活动。”

如果你的情况同这些人类似，那么只需要一点点理解和一些策略，就能够在建立自己想要的人际关系时变得更自如和自信，从而获得社交的快乐。

是什么阻碍我们迈出第一步

导致我们抵触自我介绍和提出问题的因素，同样也会让我们逃避主动建立全新的社交关系。

对社会排斥的恐惧

我们害怕被社会排斥。从大脑的角度来看，社会排斥所造成的痛苦不亚于我们的身体遭受损伤时的疼痛。研究人员甚至证明，服用止痛药实际上有助于缓解社会排斥所造成的心理悲伤和痛楚。

我们通常会对两类社会排斥十分敏感（或甚至感到恐惧）。其中一种是因为其他人不喜欢我们而遭到的拒绝和排斥；另外一种则是因为我们试图向没有意愿建立新关系的其他人施加压力而遭到的拒绝。除非我们身处的社交环境刚刚组成且其成员之间相互不认识（例如刚入学的大学生组成的团体等）的群体，否则我们所加入的群体往往已经存在一系列既定的人际关系。

在这种情况下，我们可能会认为，其他人已经十分满足于自己当前已有的人脉数量和质量，因而不再需要或想要建立一段全新的人际关系。正如一位受访者所描述的那样：

“你能够认识和了解的人数多寡往往取决于所加入团队中成员对彼此的既定认识和了解程度。他们之间相互了解程度越深，你加入和融入的难度就越大，尤其是他们在已经找到固定的‘饭搭子’或是打发时间的同伴后，他们就不再期待一段全新的（人际）关系。”

我们的大脑已经进化出非常成熟的人际关系评估机制，让我们对一些人际关系中的信号或征兆高度敏感，尤其是当我们接触新的社交环境，可能遭遇或正在遭遇排斥或放逐时。此时，我们大脑中的人际关系评估机制往往处于高速运转状态，因为我们需要努力确定自己是否能够获得新社交环境中既有成员们的接纳和肯定。

这个大脑内置的人际关系评估机制在漫长的人类发展史中发挥了重要的作用。因为在远古时期，寥寥数次拒绝之后可能出现的情况就是被群体彻底抛弃，而这也意味着生存几率的极大降低。但在现代社会中，社会排斥或拒绝很少会演变为危及生命的行为，除非排斥或厌恶伴随着肢体暴力或剥夺，但这种情况也十分罕见。在大多数情况下，如果我们遭到某个群体或某人的拒绝或排斥，我们可以转而加入另外一个群体，或转而寻求他人的友情。

但问题就在于我们大脑的固有思维模式无法区分可能危及生命的拒绝和无伤大雅的排斥。因此我们很容易就会将可能出现的所有拒绝视为可能危及到个人生存的行为。这将导致我们：

- 十分担忧自己将遭到他人的拒绝，哪怕是那些我们再也不会与之产生任何交集的人。
- 十分担忧自己将被他人厌恶，哪怕这个人对我们的人生不具备任何影响力（或兴趣）。
- 对每一段全新人际关系的建立都感到十分紧张，哪怕我们知道自己有无数可供选择的退路。

哪怕是被我们所讨厌的人排斥也会让我们心生不悦。研究员卡伦·贡赛克莱勒和吉卜林·威廉姆斯进行了一项脑洞大开的研究。在利用传球视频作为辅助的研究过程中，他们让受测试人员相信，自己正在与其他几个受测试人员一起完成“虚拟抛接球”的游戏。在研究人员的刻意操纵下，受测试者会发现自己被排除在游戏之外（例如，没有任何人给他们传球）。测试结果表明，当人们感到被排斥时，他们的情绪会变得很糟糕，哪怕跟他们一起玩抛接球游戏的是一群3K党成员（以白人至上主义而在美国臭名昭著的帮派）。其他的研究人员也使用了同一款视频游戏进行研究，且研究结果表明，人们在被排斥时会条件反射的呈现出消极状态，哪怕他们知道排斥他们的不是真人，而只是一台跟他们玩“虚拟抛接球”游戏的电脑。

更糟糕的是，研究人员还发现，当我们怀抱着对排斥的恐惧或预期去努力社交时，我们往往会假想出事实上本不存在的社会排斥。在一项研究中，研究人员告知参与者，他们将与一个陌生人开展两段非常短的互动，并以相互认识和熟悉为目标。在第一次会面结束的几分钟后，研究人员会告诉其中一位参与者，另外一个人不愿意继续进行这项实验。那些对社会排斥呈现出高度敏感性的参与者，会将另外一个人拒绝继续参与实验的行为解读为对个人的否定和拒绝，并在实验完成后表现出负面情绪。而那些对社会排斥呈现出较低敏感性的参与者并未将这一拒绝行为视为个人层面的拒绝或排斥，因此并未出现任何情绪波动或变化。造成差异的根源就在于，如果我们自身就对社会排斥感到恐惧，我们不仅仅会更抗拒接近他人并建立人际关系，并且会更容易将他人任何模棱两可或假设性的反应视为拒绝或排斥，即便事实可能正好截然相反。

我们很多人的童年经历可能导致我们学会对社会排斥感到恐惧。有的时候，是因为个人的亲身体验，例如曾遭遇玩伴或兄弟姐妹的排斥或无视等。有的时候则是因为间接体验，如看到过社会排斥或拒绝对其他孩子所造成的负面影响。所有这些直接或间接的体验都会让我们对社会排斥感到恐惧。

“游戏规则”的不确定性

导致我们产生焦虑情绪的部分原因是我们无法确定与如何开启和维护一段人际关系相关的社会规范。例如，在音乐会过程中，什么时候跟坐在旁边的陌生人交流几句才算是恰当的时机？在认识一个同事多久之后请他/她共进午餐是合适的？交往和互动到了什么程度请他人帮忙是可接受的？

我们感到焦虑，不仅仅是因为这些规范很难确定且变化莫测，更因为我们只能通过不断地实验和犯错才能够正确把握它们。此外，我们在儿童时期能够获得成功的人际交往策略，延伸到成人世界，就会变成有问题的方法。例如，在幼儿园阶段，我们开启一段人际关系的方法可能十分简单和直接：我们可以直接走向另外一个小孩，然后问对方：“你会和我做朋友吗？”如果你对着一个成年人尝试这个策略，哪怕不触犯任何人际关系的禁令，也一定会遭遇对方的白眼。

社交与人际关系之所以复杂，还因为在不同的文化中，开启和维持一段人际关系存在着巨大差异。在世界的某些地方，建立和维系人际关系意味着需要承担一系列特定的预期和责任，例如送礼、邀请、拜访、招待和人情往来等。而在其他的一些地方，人际关系则更为随意一些。尽管礼仪书籍能够提供大量的有效建议，日益加深的全球化只会造成更多的社交规则的不确定性，也会导致我们更抗拒主动接近他人或开启一段全新的人际关系。

社交网络对现代人际关系的影响

在现代社会中，我们在建设人际关系方面开始面临一个更为隐蔽的问题。

相较于我们远古时代的祖先，我们现在有更多的方式和渠道来满足我们对于人际关系的需求。在书籍、电视真人秀和网络电视无数的剧目狂欢出现之前，我们建立人际关系的唯一途径就是与真人进行面对面的互动。现在，现代科技的发展让我们可以轻松与千里之外的老朋友和熟人保持良好的互动和联系，同时也降低了我们对于创建全新人际关系的需求。此外，我们可以在社交媒体上建立庞大（但相对匿名和肤浅）的虚拟人际关系网，并说服自己，网上的朋友跟现实生活中的朋友一样优秀和有爱心。

此外，我们很多人最终沉迷于自己与书籍和电视节目中的人物建立的替代型人际关系而不可自拔。因为我们很快发现书籍或电视中的角色永远都不会拒绝我们，而且这些替代性的“朋友”也能够提供全天候的服务，并且他们的生活往往比我们寡淡的人生要更精彩。

这些虚拟的人际关系并不一定会让我们抵触开启真实的人际关系，但是它们的确为我们提供了更轻松和便捷的人际关系替代品，从而让我们不再想要主动发展那些我们实际上非常需要并且应该十分重视的真实人际关系。在工作场所和家庭关系之外，很多人每天花在与自己虚拟的电视和小说人物朋友进行交流的时间，要远远多于与现实生活中的朋友们交流的时间。

高效开启全新人际关系的技巧

在新的社交环境里，我们往往需要正确处理人际关系发展的一个悖论：我们需要通过发展全新的人际关系，来确保我们能够在全新的环境中感到舒适和自在；但我们首先需要感到舒适和自在，才能够自如地开启全新的人际关系。二者互为因果。我们要面临的挑战就是，找到打破这个死循环的方法、克服我们对于社会排斥的天然恐惧、并鼓起勇气跨越最初的自我介绍阶段，并尝试建立所需的人际关系。

能够确保你在社交新环境中自如开启全新人际关系的最简单又最有效的方法，就是找到一个致胜策略，并制定一个行动方案。当然，这并非要求你将人脉拓展和交朋友变成某种冷冰冰又充满算计的战斗策略。但这个方法的确能够显著地减缓你在新形势下的压力和尴尬情绪。你要做的只是花时间去思考下列问题，即：

- 你对于全新人际关系的需求和期待是什么？
- 你希望建立何种类型的人际关系？
- 必须建立的人际关系和最好能够建立的人际关系分别是哪些？
- 你能采取何种方式主动接触他人并与之互动以确保你有可能开启和强化彼此之间的人际关系？
- 有哪些（已经明确的或需要创造的）机会让你能够开启全新的人际关系？

有的时候，你可以悠闲地花上几天甚至是几周的时间，思考自己可以在什么地方、以什么方式、跟什么人建立全新的人际关系。但有的时候，在你步入组织的会议、聚会或社交活动之前，只有短短几秒钟的时间来快速回答这些问题。而成功的秘诀不外乎是：行动要具备精准的目标；预期要符合实际的情况以及确保方法（和后续的规划）具备针对性和指导性。

行动要具备精准的目标

在你刚刚接触一个全新的环境和群体时，首先要问自己希望从所建立的人际关系中获得什么或达成什么目标。

确定自己想要从人际关系中获得什么

根据具体情况的不同，你对于所建立人际关系的需求和欲望可能多种多样，并可能包括但不限于：

- 信息、建议和帮助。
- 合作以实现共同的目标。
- 理解、关心和情感支持。
- 陪伴和友谊。

我们在新的社交环境中对人际关系的需求往往也不尽相同。在新的工作场合或新学校中，我们可能希望自己新建立的人际关系可以满足前述所有需求并持续很长一段时间。但在一个五金店里，我们对人际关系的需求就是与销售人员保持五分钟的短暂联系，以确保我们能够获得足够的信息、帮助和建议。而在一段漫长的飞行过程中，我们从坐在身边的人身上想要获得的不过是足够的陪伴，以打发漫长又无趣的旅程。

确定建立人际关系的对象

当明确了自己对于人际关系的需求之后，你就可以着手确定可能帮助你满足这些人际关系需求的对象或人选。根据具体情况的不同，你可能需要在此过程中考虑下面一系列的因素：

- 角色和责任（你自己的和对方的）。
- 友善性和可用性。
- 专业性和帮助性。
- 可接近性和友好程度。

● 相似度（角色、兴趣爱好、背景等方面）。

显然，在不考虑前述因素的前提下，你依然必须要与某些特定的人物建立全新的人际关系，例如你的新上司、老师或教练等。但在很多情况下，其他诸多人物也同样可以满足你某个特定的人际需求或一系列特定的需求。你能够确定尽可能多的潜在人际关系选项，就会有更多退路或备选方案。这让你在发现试图建立某种人际关系不可行的时候，有其他的选择。

此外，还应意识到，不同的人很有可能会满足你不同的需求。在新工作中，你可能需要寻求新同事的合作，以完成手头的工作。但你同时可以向入职引导员或办公室的管理者寻求帮助；从十分友善的临近同事或同屋处寻求理解和情感层面的支持；在新员工入职培训会议上认识的其他新人身上寻求陪伴和友情。如果你刚刚加入一个健身俱乐部，可以从健身教练身上寻求建议和帮助，但可能希望同一门有氧训练课程的其他成员能够成为你的朋友并提供陪伴。

了解自己想要从一段人际关系中获得什么以及谁最有可能满足你的这些诉求，能够让你清楚地知道，在新的社交环境中自己想要或最需要建立哪些类型的人际关系。这不仅能帮你节约大量的纠结时间，也能确保社交行为的高效。

明确自己想要发展什么类型的人际关系

至于一段人际关系究竟应该发展到什么程度，你有一定的选择权和控制力。尽管我们无法预测某一特定人际关系到底何时会终结，意识到人际互动和人际关系的亲密度之间存在不同的层次和强度是至关重要的。它们大致可以分为下面这些类型：

共同参与某项活动的陌生人之间的关系。通常情况下，此类人际关系的建立往往发生在共同参与某项集体活动，或分享了某段共同体验的陌生人之间，所以你们之间无须进行自我介绍。这可能包括下列场景：

- 在音乐会、体育赛事、讲座或其他表演活动时坐在陌生人的旁边时。
- 在咖啡店或机场排队时。
- 商场购买或因服务而产生互动时（例如零售店、餐厅、美发沙龙等）。

尽管这些场合看起来不太能够产生人际关系，但事实上却正好相反。在这些与陌生人共同参与的活动中，你与他人进行互动的方式往往取决于你在不同场合中所扮演的相应角色（例如：音乐会的观众、同学、乘客、买家和卖家、客户和服务提供商等）。通常情况下，你会跟他人闲聊或善意的相互调侃。大多数情况下，对话一般围绕彼此正在进行的活动开展，但随着谈话的继续，话题可以涉及双方感兴趣的任何领域。通过这些交流，你们可以就彼此正在共同体验的活动发表意见，可以一起抱怨存在的各种问题和漫长的延误，或简单的聊聊天气以避免尴尬的沉默。

与那些我们可能永远都不会再遇到的陌生人之间建立的人际关系往往是暂时性的。但有的时候，我们可能会不断再次遇到同一个“陌生人”。无论如何，我们都能够从这种类型的人际关系中获得益处，可能包括帮助、建议、友谊、理解，甚至是情感上的支持。有时候，这些人际关系的好处可能大过更广泛而深入的人际关系，因为，当你知道你很有可能再也不会见到这个陌生人，而且你留下的印象既是第一印象也是最后的印象时，就能够充分释放自我，享受互动的过程，而不再过度担心互动可能造成的社会成本和长期后果。

识而不熟的人际关系。一般来说，当你们做完自我介绍，交换了彼此的姓名并且闲聊几句之后，你就与对方形成了这种识而不熟的人际关系。大多数人已经建立了成百上千种类似的识而不熟的人际关系，而且未来还有可能建立更多类似的人际关系。通过这种识而不熟的人际关系，我们能够满足自己在人际关系方面的诸多需求，包括帮助、陪伴以及情感层面的支持等。

与同事、同学和合作成员建立的人际关系。这些人际关系的建立通常发生在你加入到某个组织或团队并开始工作之后，而人际关系的建立也意味着你们想要共同达成一些有意义的目标。以“新人”身份出现并可能建立类似人际关系的场合包括工作组、项目组到志愿者组织和教会组织等。

通常情况下，这类人际关系的互动取决于各自在该组织或团体中各自扮演的角色，并且随着时间的推移，你们彼此之间将会越来越倾向于依靠对方来完成各自的任务。与同事之间的人际关系不仅仅让我们能够进行协作、获得帮助和建议，使我们能够成功扮演好自己在团队中的新角色，还能够满足我们对于陪伴和归属感的情感层面需求。一旦工作场合的合作关系终止，这些与同事建立的人际关系往往也会退回识而不熟类型的人际关系。

与老师、导师和教练建立的人际关系。确保自己能够在社交新环境中迅速获得成功的一个最佳方式，就是与那些可以扮演教师、导师和教练角色的人物建立并发展良好的人际关系。这些人应该可以：

- 帮助你理清全新的环境和体验。
- 为你及时地提供专业的信息和建议。
- 在你试图完成自己所设定目标的过程中提供情感和/或组织层面的支持和帮助。

- 以身作则地为你展示能够获得成功的行动。

与朋友建立的人际关系。一旦你开始邀请对方去参加一些常规团队活动以外的活动或娱乐（例如邀请对方共进午餐、一起看电影、一起徒步、一起打高尔夫等），你就开始了将识而不熟的对象和同事变成朋友的过程。表达对他/她的信任，并与之分享一些私密的个人信息，也意味着这个过程的开启。

尽管听起来有点武断，男人之间通常倾向于通过共同的兴趣爱好和活动发展友谊，而女人们则更多地通过自我信息的披露和秘密的分享变成好朋友。尽管前述多种人际关系也同样能够为你提供信息、帮助和建议，只有从朋友身上获得的陪伴、理解、照顾和情感支持才能让你获得真正的快乐。

高效开启全新人际关系的技巧

在你考虑自己对于新人际关系的需求、建立新人际关系的可能人选和想要建立的人际关系类型之后，要做的下一件事情就是确定着手建立全新人际关系的方法。鉴于本书第五章已经探讨了进行自我介绍的策略和技巧，本章将着重探索自我介绍之后应该做些什么才能够帮助你更自在和自信地建立全新的人际关系。

研究人员已经发现，有很多的策略和方法能够帮助你实现卓越的效果，包括：

- 换位思考。
- 专注于为对方提供正能量。
- 保持积极的状态并致力于欣赏和赞美对方。
- 以互惠互利的原则为基础建立关系。

- 优先考虑对方的需求，但同时不要忽视自己的诉求。
- 将自己想象为侦探、记者或聚会的负责人。
- 邀请对方共同参与“超出”常规事件的活动。

换位思考

正如自我介绍和提出问题那样，主动接触并与新结识的人建立和发展人际关系也会让很多人感到为难和迟疑。很多初入新的社交环境的人，会担心对方根本不会对自己感兴趣，或会因为自己的主动接近和打扰而感到恼怒，或根本不想开启一段全新的人际关系。但也正如自我介绍和提出问题那样，当我们带着诚意、真挚的交流意愿将情势扭转之后，结果也将与消极的预期大不相同。在大多数情况下，这些被接触的对象十分乐于停下手头的事情，进行一场友好的交谈和对话。事实上，他们作为团队的老成员，也意识到自己有责任和义务欢迎新成员的加入和并尽可能帮助后者适应新环境。通常情况下，如果新人能够积极主动地进行接触，老前辈们也乐于满足需求。因为，让老成员先迈出人际关系的第一步，主动接触新人，背后的社会风险成本太高了。

更重要的是，当新成员作为主动接触的发起者时，人们似乎很少担忧交流的对方是否会拒绝自己；此外，他们甚至根本不会花时间思考自己到底是否应该接受这类交流请求。

所以，在新社交环境中，你可以花点时间问问自己，如果你是一名老前辈，当新人主动接近你并提出交流的需求时，你将如何回应。如果你觉得自己不会拒绝，那么就大胆向老前辈们发起进攻吧！

专注于为对方提供正能量

成功开启一段全新人际关系的关键就在于，你首先要意识到，能够让你获得成功的秘诀并不是用自己的聪明才智、丰功伟业或迷人的性格去打动对方，而是要确保对方能够从与你的互动和交流中获得积极向上的能量。

那些能够为人们补充能量的东西，往往也正是人们希望从人际关系中获得的东西，例如：

- 获得理解。
- 验证自己的想法和观点。
- 获得重视、尊重和接纳。
- 达成某些有意义的结果。
- （在自己需要的时候）获得帮助。
- 感到快乐。

因此，专注于提供能量能够有效地帮助你建立人际关系也就不足为奇了。外向型的人很多时候从他人身上汲取能量，因此你可以有理由期待，他们会积极回应那些能够为他们提供能量的对象。如果你将这个方法运用在与内向性格的人打交道上，你可能会收获更坚实的人际关系和更完美的社交效果。

原理何在？内向的人往往从自己的内心汲取能量；并且在涉及人际关系时通常会面临各种各样的窘境。他们极度渴望能够为他们提供一切美好事物的人际关系——无论是成就、接纳、陪伴或其他积极的事物——但他们往往会发现全新的社交环境让自己感到精疲力竭。大多数时候，他们会感觉自己投入了大量的精力与能量跟他人展开互动，而获得的能量却远远无法与自己的投入相比。如果他们保持沉默（或任由外向型性格的人主导对话），那么情况可能变得更糟糕，因为很少有人能够在交谈中以沉默聆听对方讲话的方式获得自己所需的能量。那么现在想想，如果你能找到办法在新社交场合中为内向的人提供他们极度渴求的能量，那么他们将会多么的欣喜若狂。

帮助人们获得能量的最有效而又最简单的一个方法就是：展示对他们真诚的兴趣。在对话过程中展示对话题或对方的兴趣往往能够让对方谈兴大开，并且大多数人都能够通过聊一聊自己（或自己的所学所获）而获得能量。更重要的是，通过展示兴趣，你不仅仅为对方提供了理解、欣赏、验证、尊重和接纳，还提供了至关重要的陪伴。

在《人性的弱点》中，卡内基给出了一个最有效而持久的人际关系建设建议：即通过提问和专注的聆听对方的回答来表示自己对他/她的兴趣。

自卡内基之后，无数的研究人员也通过实验反复论证了这个策略的有效性。此外研究人员也已经证明：

- 人们倾向于喜欢那些能够多透露一点（但不要过多）个人信息的陌生人。
- 人们倾向于向自己留下良好第一印象的陌生人透露更多的个人信息。
- 人们在有机会聊一聊自己之后，会倾向于更喜欢跟自己交流的陌生人。

因此，想要立刻获得一个陌生人的好感（并留下良好的第一印象），你最好能够让他们开口聊聊自己（或他们的所学所获），并找机会也分享一些关于自己的信息和经历。

保持积极的态度，欣赏和赞美对方

在与新认识的人交谈的过程中，尽可能保持积极的态度。大多数人在听到（或谈论）负面事物的过程中都无法获得能量。此外，研究人员已经发现，如果你能够在与陌生人的交谈过程中尽可能的赞美和肯定对方，那么在结束谈话后，这个人也倾向于你同样也具备那些被赞美的美好品质。

如果你碰巧告诉一个陌生人，自己的经理即慷慨又善良，那么这个陌生人很有可能也会将你视为一个慷慨而善良的人。相反，如果你喋喋不休地抱怨自己的经理是个自私鬼，那么你也需要承担对方也将你视为自私自利人物的风险。

成为彼此的积极资源

无论是肤浅而暂时，还是深刻而久远，所有的人际关系都应该建立在互惠互利的基础上。当其他人帮助我们满足自己的需求之后，我们反过来也有一种本能的冲动（而且通常存在相应的社会预期）来回馈对方的帮助。科学家将这种现象称为互惠利他主义。而且我们的先天基因和后天接受的早期教育都要求我们能够回馈对方并偿还自己的人情债。我们对于人际关系的诸多需求——无论是信任、可靠性、忠诚等——在本质上都源自于我们对于互惠的基本需求。

这一原则在全新人际关系的建立中又将发挥什么样的作用？当你通过倾听、欣赏和陪伴为对方提供能量时，对方也将对你产生积极而良好的印象。互惠互利原则将促使他们反过来也帮助你获得所需的能量。这反过来也让你对他们产生积极的印象并充满了动力想要找到其他的办法（和机会）来帮助他们获得能量。如此循环往复，彼此之间的关系就能得以发展和深化。

但这并不意味着我们在任何情况下都会以完全相同的方式为彼此提供能量。比如，在工作场合你可能协助自己的新上司完成一份报告，而她作为回报公开表扬了你的辛勤工作。她从你的协助中获得了能量，而你则从老板的认可和肯定中获得了能量。在学校里，你可能仔细而满怀同情地聆听新室友的倾诉，而他则可能邀请你一同参加聚会作为回报。他获得了所需的理解和支持，而你获得了一次社交的机会。

同样，互惠互利的情况也不会总是同时发生或完全等值。你可能安慰了一个刚刚经历了惨痛分手的熟人，但她在三个月过后才通过主动来帮助你搬新家回馈你的付出；或你花费整个周末帮助同事修改市场分析报告，而在当时得到的回报不过是一个感激的笑容和一声真诚的谢谢。无论情况如何，随着时间的推移和交互的深入，双方都能够对自己在这一段人际关系中的付出和收获感到心满意足。

优先考虑对方，但也别忘了自己

因为人在自我需求得到满足时就能够获得能量，你需要弄清楚他们需要什么并提供协助他们满足自己的需求。但你同时也应该期待在通过互动最终满足对方的需求的过程中，最终也应该获得自己所需的能量。否则你可能会丧失继续互动和社交的动力。

但这又谈何容易，尤其是在新形势下，要实现这个双赢的目标尤为艰难。对于某些人来说，我们不自觉地就倾向于主导谈话并滔滔不绝的谈论自己或自己的所学所获，这可能是因为我们：

- 太想要留下良好的第一印象，并且（无论是有意识或无意识的）坚定地相信滔滔不绝是实现这个目标的最佳方法。
- 觉得自己能够为交流做出巨大的贡献，而对方只要聆听就可以从我们的知识和专业能力中获益。
- 从滔滔不绝的谈话中获取能量，并且已经养成了这种习惯。

无论原因如何，结果就是我们几乎没花时间来努力明确或满足对方的需求。此外，因为很少有人能够通过聆听我们滔滔不绝的说话而获得能量，独自喋喋不休就成为了一个迅速赶走他人的最好办法。可悲的是，我们往往是最后一个意识到自己一不小心就主导和控制了整场谈话的人。

而另外一种截然相反的情况就是，我们几乎不谈论自己或自己所了解的东西，因为我们：

- 担心说错话让自己看起来很糟糕。
- 倾向于保持私密性，倾向于将个人信息的分享控制在已披露的范围内。
- 不太喜欢跟超级健谈的人“抢夺话语权和说话的空间”。
- 在漫长的对话过程中很容易会丧失兴趣，并常常感到脱离状况之外。

其后果则是我们没能花足够多的时间，做完能够满足我们自身需求并给我们自己带来能量的事情。有的时候造成这个结果的原因是其他人，而有的时候则是因为我们迟疑着不愿意开口讲话、主动引导切换话题或争取获得自己想要的结果。无论原因如何，我们在结束对话并离开的时候，可能既没有获得太多的能量，在未来主动再次接触对方的意愿和动机也不强。归根结底，效果最好、最有成效并最令人满意的人际关系，要求所有参与者都既关注自己的需求又致力于满足对方的需求的关系。

来一次角色扮演

能够帮助你克服自己对主动接触他人的恐惧，开启一段全新人际关系的抵触情绪以及确保你与他人互动的方式能够给参与双方都带来能量的最佳方式之一就是：调整自己的心态和行动，将自己想象为聚会负责人、侦探或记者。

例如，在参加一个聚会、社交或联谊活动时，你可以假装自己是活动组织人或负责人之一，而你的工作就是要确保每个人都能享受这次活动。一位受访者在下面这段话中描述了这个方法的操作和好处：

“我假设所有其他人也跟我一样感到各种不自在，而我的工作就是要让他们感到更舒适。这个方法让我忘了自己有多么的不自在……此外，通过认识他人并让他们觉得更舒适，我团结了一群感受类似的同道中人。因此而获得的归属感反过来也让我感到更自在。”

在《仔细聆听》（Just Listen）一书中，临床心理学家马克·古尔斯顿（Mark Goulston）鼓励人们采用侦探的心态作为展示自己对他人兴趣的一个有效方式：

“如何才能掌握表达兴趣的技巧——并让自己在这么做的时候看起来真心实意？第一个秘诀是，不要再将对话看成是一场网球比赛。（他拿了一分，所以现在我要较劲也拿一分）相反的，你应该将对话看成是一场侦探的游戏，而你的目标就是要尽可能地了解对方更多的信息。这个心态能够让你在开始对话时笃定对方身上存在一些十分有趣的信息，而你的目标就是要下定决心找到这些信息。”

另一种办法就是假装自己是一名记者，而你的工作就是去采访那些你想要认识的人。一位受访者的弟媳恰好是个职业记者。她的弟媳发现，记者这份职业事实上帮助她克服了自己对陌生人的焦虑感，并且她决定在其他社交场合也继续采用自己的记者心态。这个方法帮助她取得了良好的社交效果，她是这样描述的：

“我弟媳是一名记者……她自己有着严重的社交焦虑症，但你根本看不出来，因为她总是能够很轻易地就让跟她打交道的人感到舒适而自在。而她的秘诀就是主动提问……因为人们总是喜欢谈论自己。我的很多朋友都跟她有过交流，所有人都觉得她非常厉害，但事实上他们根本不知道她当时到底有多紧张。他们非常欣赏她，而且压根不会意识到在整个对话的过程中他们基本都是在谈论自己。”

这些方法可以降低你的社交焦虑程度，因为：

- 它们可以帮助你找到为交谈对方提供正能量的方法，尤其是能够帮助你展示对他人的兴趣。
- 它们可以帮助你甩掉自身消极的想法和恐惧。
- 它们可以为你提供理所当然的依据（哪怕是虚拟的），让你能够主动接触陌生人。
- 它们可以让你避免在对话过程中过多地谈论自己。

当然，你也无须太过代入角色，因为这可能让你看起来很愚蠢。但我建议，你可以逐个尝试前述方法，看看是否能够凑效。研究人员将那些非常擅长撬开他人的嘴巴并让对方谈论自己的人描述为“开场专家”。已经有数项研究证明，“开场专家”很容易就获得他人的亲睐，尤其是容易获得陌生人的欣赏。

邀请对方参加“非常规”的活动

尽管这个道理看起来十分浅显，但在人际关系达到一定程度之后，强化双方之间关系的最佳方法之一就是邀请对方共进午餐、喝咖啡或参加一些常规交往之外的其他活动。邀请对方参加非常规的事件或活动（或接受对方的邀请）可以实现以下人际目标：

- 这一举动传递了友好的信息，表明你有兴趣更进一步地了解对方，并有利于建立长久的友谊关系。
- 它提供了一个机会，让你能够以在常规的团体型互动中无法获得的其他方式进行人际交往。
- 它提供了一个机遇，让你能够放心的提出“新人”类型的问题而不必担心会干扰到繁忙人士的日常工作。

成功的关键就在于，要鼓起勇气发出或接受类似的邀请，哪怕内心的“内向小人儿”不断地诱惑你宅在（或直奔）家中。

社交预期要切合实际

无论掌握了什么样的终极成功策略，你都要意识到，在建立人际关系这个话题上，不是每一次行动都能够收获一次有意义的互动，也不是每一次的互动都能够成功地建立一段关系，且并非每一段建立的关系都能够朝着你希望或预期的方向发展或深化。

因为每一段人际关系都是“两个人的探戈”；每个参与者都掌握了一些选择权，但没有任何一方能够获得完全的掌控权并独自控制事情的发展方向。有的时候，人际关系失败的原因可能只是气场不和，或对方根本没有时间或精力来开启一段全新的人际关系。有的时候，也可能是因为对方同样对全新人际关系的建立感到束手无策，或跟你一样没有勇气去回报你的善意。因为具体情况的不同，能否建立一段全新的人际关系本质上就是一个概率游戏；这个规律同样适用于职场。正如一位职场新人所描述的那样：

“我后来意识到，这就是一个概率的问题。如果想要建立更多的人际关系，你就需要认识更多的人。你需要参加各种俱乐部、赶赴各类聚会，且不能只跟你已经熟知的朋友聊天，而是要尽可能的跟每个人都聊上几句。”

但也不必给自己施加过多压力，或要求自己能够同时在短时间内建立大量全新的人际关系。因为同时认识和了解一大群陌生人可能对你来说是无法承受的重负。你需要设定一个合理的目标，例如每次认识两到三个人。而当你能够同时建立的人际关系数量多于这个设定值时，你就会感到惊喜万分。一旦你成功建立了一些人际关系之后，你将会变得更自在，在以后建立人际关系的时候，也将不再那么焦虑。

如果你已经竭尽全力但结果却并不如意，也无须下意识地将其视为个人的失败或对个人的否决。要从失败中汲取经验教训，并在下一次尝试时对自己的策略或行动进行微调。

新建人际关系的反思和刻意练习法

为了让自己能够更自在而自信地建立全新的人际关系，你需要探索和发掘造成自己抗拒心理和焦虑情绪的原因，有意识地观察自己在与全新的对象尝试建立人际关系时的所思所想所为，明确适用于自身情况的人际交往策略和方法，并尽可能地寻求机会来锻炼和实践。

回忆一下过去的情况，尤其是那些你迟疑着不肯跨越最初级的互动并建立全新的人际关系的经历，是什么造成了你的迟疑或主动迈出第一步的抗拒心理？是不是因为以下几点：

- 担心自己不受欢迎？
- 担心自己是在强求那些已经拥有完善人际关系网的人接受自己？
- 担心自己的行为可能违反建立人际关系的现行社会规范？
- 已经养成了等待对方首先采取行动的坏习惯？
- 能轻易地找到全新人际关系的其他替代物（例如：既有的人际关系；小说或电视中提供的各种类型的人际关系等），让你感到自己无须开启全新的人际关系。

接下来，找出自己焦虑情绪和抗拒心理背后的规律。例如：

- 你的抗拒心理是否会因不同的人际关系类型而异？你在与共同参与某项活动的陌生人主动搭话时是否感到更焦虑，还是跟人成为熟人并维持普通朋友关系时感到更焦虑？是与新同事建立人际关系时，还是主动出击将普通朋友和同事变成亲近朋友的时候更焦虑？
- 是否存在特定的情况，让你感到要在新的社交环境中建立全新的人际关系尤为困难？这种现象在什么情况下会发生：当你参加新工作？进入新学校？加入新的俱乐部或志愿者组织？搬到新社区？还是参加聚会或社交活动？
- 你是否发现自己很难与特定类型的人建立关系？这些人是你的上司，

还是那些身居高位之人？还是来自不同性别、种族、年龄段或社会经济背景的人？

- 新社交环境中既有人员的数量是否会对你的人际关系表现造成不同的影响？你更喜欢在一对一和/或小团体中，还是在相对人数更多的大群体中更低调地建立亲密的人际关系？

通过对不同的新社交环境和人员类型进行反思，并找到造成个人焦虑情绪和抗拒心理的最显著因素，你就可以重点关注并着重训练正确的策略和方法，并最终获得人际关系的成功。

大多数时候，造成我们对建立全新人际关系感到焦虑和抗拒的根源是我们在成长过程中形成的假设、期望和习惯。但通过有意识地观察自己在发展人际关系过程中产生的想法和采取的行为，你就可以揭秘这些固有的假设并判断它们是否合理或有益。

在未来几周内，你可能有机会与相对陌生的人进行互动并尝试建立全新的人际关系。这些人可能是你刚刚加入的新团队的相关人员，也可能只是你随机的与之进行互动的陌生人。无论是何种情况，在主动接触对方之前，你需要问自己：

- 我为何想要见到他们？
- 跟他们建立关系能够满足我的什么需求？是协作、信息、理解和支持或是陪伴？
- 我认为自己能够与他们建立什么样的人际关系？是共同参与活动的陌生人关系？普通的识而不熟？同事关系？还是有可能发展为终生好友？

如果你思考的问题是如何接触某些特定类型的人，你应该问自己：

1. 他们对这次互动的需求或想法是什么？我如何才能够帮助他们获得能量？

2. 我是否不太情愿主动接触他们？如果是，为何我会感到恐惧？是害怕被拒绝？还是被讨厌？还是担心会招人烦？或是害怕违反社会规范？

3. 基于我个人过往的经历，我对遭到拒绝的恐惧和担忧变成现实的几率有多大？如果他们确实拒绝了我，后果会怎样？事情会变得有多糟糕？

4. 如果我假装自己是主办方、侦探或记者，是否有助于人际关系的建立？

然后，在你开始与对方互动并试图发展一段人际关系时，有意识地观察自己的言行举止，并问自己：

1. 他们对我的主动搭讪和开场白有何反应？

2. 我是否展示了自己对他们所谈事物的真诚兴趣？我是否通过巧妙的提问让对话得以继续？我是否说得太多或太少？我是否保持了积极乐观的状态？

3. 整体来说，他们是否从与我的互动中获得了正能量？我是否从与他们的互动中获得了正能量？

4. 这与我潜意识的假设、期望和习惯是否相符？我能够通过什么样的调整或改进，让自己可以在下一次与相对陌生的人进行互动和建立人际关系时表现得更自如和自信？

如果你最初担心遭到社会排斥，那么问问自己：我的担忧是否合理？他们的行为或言语是否表明他们并不喜欢我或非常讨厌我的打扰？

而对于那些已经跨越了最初阶段的交流和互动的人际关系来说，你应该问问自己：

1. 我是否主动采取行动，强化这一段人际关系？我是否曾邀请他们去参加常规互动之外的活动或事件？我是否接受过他们的邀请？他们有何回应？

2. 在建立这段人际关系时，我是否用力过猛，还是努力不足？

3. 我们作为互动的双方，分别从这段人际关系中收获了什么？这段关系是否实现了互惠互利的目标？是否值得继续下去？

4. 我还需要建立哪些其他类型的人际关系，以确保自己能够在新形势下获得想要的成功和幸福？

如果这个方法对你有效，那么可以定期记录自己产生的想法、恐惧、观察和结论。并从中找到规律和模式，利用这些线索和信息来调整自己的策略和方法，以期能够成功的开启所需的人际关系。

在日常生活中要养成习惯，尽可能的找到更多的机会来锻炼自己人际交往互动的能力和技巧，以提高自己开启和维持人际关系的能力。这可能包括以下几点：

● 在上班、排队、等候或参加社交活动的时候，主动接触并与陌生人进行对话。在对话过程中实践自我介绍（或不进行自我介绍）的方法和能力。

● 与识而不熟的人更频繁地进行更深入的互动（例如同事、同学、邻居、服务人员等）。

● 尽可能寻找更多的机会，与同事和团队成员之间开展常规互动之外的交流。

当然，仅仅出于锻炼自己的人际技巧和能力的目的而与他人发展虚假的人际关系（尤其是友谊）是不道德和错误的。但你有可能在这个过程中发现，自己愿意更深入地去了解和交往的人，在这种情况下，你的行为和目标就已经不再是单纯地练习自己的人际交往能力了。

要评估个人是否成功地“打入了”一个新团队，就要看这个人是否成功地与团队的既有成员建立并维持了私交关系。有时候，在你与团队的其他成员共同合作完成团队目标的过程中，这些私交关系自然而然地就产生了。但有的时候，你可能通过闲聊、茶水间的聊天和工作场合之外的活动来建立这些私人关系。

除了帮助他人获得正能量之外，诚信、可靠、信任、谦逊和信誉等良好的品质也有助于发展积极的人际关系。此外，你还需要确保自己展示了对团队的忠诚，并（在恰当的时候）优先考虑团队的利益而非个人得失。这些因素不仅仅会影响到人际关系的建立，更对人际关系的强化和维持起着至关重要的作用。

最后，要意识到人际沟通和交流是一张网，而非点对点的直线联系。因此，在你与一个人建立积极的人际关系之后，这个人就有可能帮助你与其他人建立同样积极的人际关系。如果团队中的其他成员在认识你之前，就已经了解到你是一个友善、有魅力且乐于助人的人，那么在你主动接触他们，并试图建立人际关系时，事情会变得更简单。

在社交新环境里交到新朋友的五个步骤

在新环境中能否获得成功和幸福往往取决于我们建立和发展全新人际关系的能力。但我们对被拒绝或排斥的担忧，往往会导致我们不愿意主动接触相对陌生的人并与他们进行互动，而这也导致我们无法建立积极和高效的人际关系。如果你能够采取下列五个步骤操作方法，你就有可能在建立全新人际关系的尝试过程中变得更自在和更自信，它们是：

1. 意识到社会排斥的风险和负面影响远远小于我们史前时代大脑的固有设定和早期童年经历导致的后天习得观念的设想。

2. 在新形势下，对全新人际关系的构成和类型有一个清晰的想法和认识，很有可能帮助你实现自己的目标和满足你的人际需求。

3. 通过专注于对方的需求、展示自己的兴趣、保持乐观的心态，并通过能够帮助对方获得正能量的方式进行互动等方法建立积极而高效的人际关系。

4. 花时间来反思和揭秘自己内心深处隐藏的关于人际关系建设的虚假假设、不实预期和错误习惯。

5. 尽可能寻找机会，锻炼建立、维持和发展全新人际关系的能力。

第九章
心态决定结果
——如何让你的能力为表现加分

在本章中，我们将探讨如何在社交新环境中完美地展现自己以及学习一些技巧和方法来提高自己的能力以达到以下几点：

- 在不认识的人面前成功的完成新任务。
- 在展现自己时感到或变得更自如和更自信。
- 克服自我表现时的焦虑情绪。

无论你是新换了一份工作、开始培养一个新的兴趣爱好，还是尝试一种全新的运动，你都会希望可以在自己的人生中实现的每一个目标都既要求你能够让自己适应全新的社交环境和形势，还要求你能够在不熟悉的人面前完成全新的任务。如果你刚刚加入了自己人生中第一个销售团队，那么你就要能够适应进行电话推销和向陌生人进行产品演示等任务。如果你想要学会滑雪，你就需要在其他众多滑雪者面前在滑下山体的过程中掌握转身、停下等技巧。如果你刚刚成为了一个新健身俱乐部的会员，就需要在其他老会员的边上迅速掌握全新的健身设备和套路的技巧和方法。

在采访过程中，我发现几乎每个人都能回忆起让他们在社交新环境里感到尤为焦虑或迟疑的具体事情，包括以新任经理的身份主导第一次会议；打第一轮高尔夫；加入职业游泳俱乐部；或参加绘画入门班的学习等。在所有这些情况下，有一些特定的因素会要求我们：

- 必须要成功地完成任务。
- 从实践中学到最有益的东西。
- 以相对新手的身份开始做事。
- 要在经验更丰富的他人面前展示自己。

例如，一位受访者发现自己在首场蓝草音乐即兴演奏会（一种起源于美国南方的快节奏民间音乐）感到特别紧张，并发现自己非常害怕在其他人面前独自演奏乐器：

“一想到要在别人面前演奏，我就感到既紧张又兴奋……在乐队里跟人合作演奏肯定会产生压力和焦虑……我紧张得都要崩溃了，因为我听出来自己演奏的节拍跟乐队不一样，而且听起来很怪。我觉得很愧疚，因为我消耗了乐队不少的资源，却没能为团队做出自己应做的贡献。”

而另外一位受访者则因为需要在新的瑜伽班上表现良好而倍感压力，即使在课上向其他人炫耀自己的瑜伽能力并不是她加入瑜伽班的初衷：

“有时候你会觉得，需要展示自己的技能，哪怕你根本不想这么做……但最终的结果是，你炫耀了。然后这个地方就会让你感到不自在，因为你在试图炫耀自己的能力……哪怕这根本不是你参加瑜伽班最主要的目的。到了最后，这个瑜伽班就变成了一个应对社交挑战的地方，而不是你可以学习和锻炼的地方。当你是新学员时，这种感觉就会被放大，然后你就开始担心自己会不会失败，还有，如果失败了，是否应该继续回去上课等问题。”

但是，并非只有害羞或内向的人才会遭遇表现焦虑症。我曾经采访过一个非常外向的人，她能够非常自信地参加一个全都是陌生人的聚会，并可以在聚会结束后结识一打新朋友。正如她自己所说的那样：“我是个能够很快炒热团队气氛的人。如果我参加一个聚会，我能够很快调整自己，可以跟每个人都聊上几句。人们很快就会忘了我一开始是跟谁一起来的。”但是，她却在自己的体能训练班上遭遇了截然相反的经历：

“我当时真的特别害怕。我第一次去的时候特别担心和忐忑。因为我要当着所有人的面完成一组时长7分钟的动作，但我根本不确定自己能不能做完……虽然现在我觉得这个课程挺有意思，但当时我真是吓坏了……我当时觉得自己肯定要拖后腿了，而这让我感到很羞愧。”

适度的焦虑（通过刺激肾上腺素的适量分泌）能够帮助你集中注意力和保持警觉，进而让你表现得更好。但过度焦虑反而会导致你：

- 表现的状态以及学习和进步的速度都远远低于正常水平。
- 无法尽情的体验整个过程和经历。
- 变得拖拖拉拉，想方设法找到借口逃避做某事。
- 很轻易就会放弃。
- 根本不愿意进行尝试。

然而，你只需要更深入的了解背后的原因，并掌握一些简单的策略，对自己的心态进行微调，就可以变得更自信，并能够更自如地在不熟悉的人面前展示全新的技能。

造成社交新环境中表现焦虑的原因

虽然存在诸多影响因素，导致表现焦虑症的最主要原因往往是先天遗传和后天习得的社交恐惧。而这种社交恐惧也导致了我们在前述章节中探讨的自我介绍、提出问题和建立人际关系等方面遭遇的困难和问题。人类大脑先天遗传的思维模式让我们倾向于害怕失败、拒绝和社会地位的丧失。当我们需要在不熟悉的人面前进行表现，或当我们在新组织里的社会地位尚未明确的时候，这些焦虑就会特别强烈。我们童年时期的教育也会让我们建立了以表现为导向且要求自己“表现完美”的思维模式，从而让我们尤为担心自己会在新认识的人面前犯错或表现不佳。

我们的大脑依然存在着类似的固定思维模式，哪怕在现代社会：

- 我们大多数的公开表现，往往只会发生在那些我们很有可能再也不会见到，或对我们的生活无关紧要的人面前。
- 在新群体中，较低社会地位几乎不具备任何危险或极少能够致命。
- 如果我们不满意自己在某个群体中的社会地位，可以很轻易地加入其他群体中去。

基因会让我们天生地对表现感到焦虑，我们受到的教育也让我们更担忧自己作为团队新人的表现。这种焦虑源自于我们在成长过程中习得的假设和思维方式，并让我们对全新的表现感到恐惧。教育研究专员卡罗尔·德维克和其他人的研究已经发现，大多数人自幼就被灌输了这样一个潜意识的信念：人生而具备相对固定的技能和能力，因此每个人仅可以完成特定的事情。因此我们对新事物和新体验就产生了潜意识的焦虑和恐惧。

因为这种“生而才能有限”思维模式的存在，我们才会认为对新事物的尝试实际上是对我们个人在某方面天赋的揭示。如果我们能迅速地掌握新角色、新任务或新技能，我们就认为自己具备这方面的天赋。如果我们遭遇困境、犯下很多错误或难以取得预计的进展，我们的结论就变成“我在这方面没天分”。到了最后，人生成功与否就完全取决于自己能否找到恰当的领域来发掘和利用自己与生俱来的天赋。

这种逻辑听起来十分合理，但“生而才能有限”这种心态存在巨大的问题。假设我们认定某项特定的技能是成功的关键因素，并得到社交新环境的高度重视。在这种情况下，我们的初期表现就成为了对天赋的“大揭秘”。如果我们表现的足够好，我们就能够给新群体留下深刻的印象，并获得团队成员的认可。如果我们表现不佳，我们留下的第一印象就会很糟糕并可能导致他人（以及我们自己）认为我们没有天分成为一个高效的、有价值的团队成员。

这种思维模式加上大脑中固有的对社会地位丧失的恐惧，就会让我们很容易就把在不熟悉的人面前进行表现视为类似《美国偶像》第一轮的生死筛选。我们要么让现场的观众和评委“惊艳”，并在YouTube上获得百万点击，要么被评委否定，然后灰溜溜地下台，有没有感到压力山大？

心理学家海蒂·格兰特·霍尔沃森认为，随着时间的推移，相信“生而才能有限”的我们，会开始极度担忧自己在他人面前的表现，并在遇到新变化时将自己能否“表现良好”视为最重要的事情。我们会变得极度害怕犯错，也怕做出任何让我们看起来很愚蠢的行为。

不幸的是，过度注重表现的优劣会导致诸多不良后果。如果我们的确是刚刚开始接触或学习某种事物，自然就会担心自己一开始的表现会暴露我们缺乏相应的天赋这个残酷的事实，并进而损害我们短期和长期的社会地位。如果我们潜意识里认定其他人也认为我们已经具备了特定的相关技能，那么事情可能变得更糟糕。因为我们很快会开始担心自己的表现会让他人失望，并被他人视为名不副实。无论是哪种情况，我们在遭遇新情境时都会出现严重的表现焦虑症。研究人员发现，“生而才能有限”的思维模式以及过度关注表现状态会导致我们：

● 过于强调表现而无法真正的享受全新的体验。

● 过分担心无法证明自己的能力。

● 试图让自己看起来完美无瑕和毫无缺陷（但这反而会导致我们犯下更多错误）。

● 变得灰心丧气且更容易就半途而废。

● 根本没有勇气尝试任何新事物（尤其是当我们想到自己刚开始可能表现会很糟糕的时候）。

可悲的是，我们所接受的教育经常无意间强化了这种“追求完美表现”的心态。卡罗尔·德维克和其他研究人员已经证明，父母和教师经常用“你太聪明了！”或“你真的很有天分！”等话语来表扬和肯定孩子。不幸的是，我们从这些赞扬中推断出，智力和天分都是与生俱来的，而不是后天通过练习和努力获得的。如果有一天，我们开始尝试做一些自己刚开始并不擅长的事情，问题就暴露了。

幸运的是，这些研究人员还发现，如果我们能够将自己的心态从“追求完美表现”转化为“专注进步”，那么我们就能够显著降低自己在新形势下出现表现焦虑症的几率。

用“专注进步”的心态缓解表现焦虑

解决问题的另外一个办法，就是树立下列信念：

- 才能并非生而固定，而是可以通过后天的学习和锤炼得到发展和提高。
- 初次表现并非是个人天赋的“大揭秘”，而是新情境下的初期摸索和表现。
- 没人要求你刚一到来就表现完美（或以资深专家的方式完成任务）。
- 如果你能够将心态从“表现完美”切换到“专注进步”，你就能够留下更好的第一印象。

卡罗尔·德维克、海蒂·格兰特·霍尔沃森和其他研究人员已经证明，将心态从“追求完美”切换到“专注进步”能够带来诸多好处。如果你能不再自动将自己早期所犯的错误和遭遇的困境视为个人潜力的“大揭秘”，你就不会再害怕犯错，也更有可能克服最初的困难并坚持下去，更有信心获得最终的成功。

“专注进步”心态的能量和效果

心理学家丽莎·布莱克威尔和她的同事通过观察高一新生的表现，证明了“专注进步”这一积极心态的良好效果。研究人员发现，那些在进入高中阶段时能够秉持“才能并非天生注定”心态的学生，能够更好地专注于学习，并在接下来的两年内显著提高了成绩。与之相反的是，那些认为学习能力是天生注定的学生，关注的则是课堂的成就和表现，并未获得学业方面的明显进步。

更重要的是，研究人员还发现，通过转变那些成绩不佳学生的心态，教会他们“专注进步”的思维模式，并让他们意识到自己有可能提高能力，获得学习为导向心态的能量，研究人员可以显著地帮助他们提高成绩。而其他研究人员也在各种不同的新环境和表现的试验中取得了类似的结果。此外同样的方法也适用于商业谈判。

挑战的另一个名字：有趣而激动人心的机会

“专注进步”心态的另外一个好处就在于，我们更倾向于将全新的环境视为有趣的挑战和激动人心的学习机会，而非对个人天赋和能力的强压测试。来自哈佛大学的心理学家艾莉森·伍德·布鲁克斯认为，这种心态事实上能够帮助我们利用适度压力和焦虑来获得更好的表现。

在一系列的实验中，从解决数学问题到公开演讲和卡拉OK，艾莉森得出了一些有趣的结论。在表演之前，那些被要求重复表达“我很兴奋”这一句子的人，比那些被要求不断重复“我很冷静”的人表现得更好。

通过进一步的分析，艾莉森发现，那些重复了“我很兴奋”的人在看待全新任务时更倾向于采用机会导向的心态，而那些不断重复“我很冷静”的人则倾向于将表演视为一项不得不完成的任务。而心态上的差异也极大地影响了他们的最终表现。因此我们需要再次强调，心态决定一切。

避免完美主义

如果你能够不再专注于表现自我和“追求完美”，你就会开始意识到，自己的初次表现很有可能不过是你在新社交环境里诸多表现的开端，而团队成员也会结合你的实际情况和“新人的状态”来对你的表现进行评估和判断。归根结底，你的初次表现不过是其他人更深入了解你的一个渠道和途径。

“专注进步”给他人的印象

最后，当你能够真正的致力于“专注进步”而非“追求完美”，你将会发现自己的言行举止往往能够给他人留下一个积极的印象。这可能包括：

- （通过寻求帮助和反馈）表达对他人的尊敬。
- （通过承认自己还需要学习）展示了自身的谦逊。
- （通过专注于学习而非表现）避免激烈的竞争行为。

回忆一下自己曾作为团队中经验丰富的老成员接待新人的经历，当你与新来的人进行互动时：

- 你是否会下意识地认为他们的初次表现就是他们能够实现的最佳表现？
- 你是否期待他们一开始就能够表现得特别完美？
- 如果他们向你寻求帮助和建议，你会有何感想？如果他们加入团队就是为了与你竞争并旨在“打败你”，你又有何感想？
- 哪一类人能够赢得你的尊重——那些努力尝试学习和进步的人，还是那些致力于看起来很完美的人？

总而言之，在新形势下能够秉持以学习为导向和“专注进步”的心态，能够帮助你留下良好的印象，并让你能够更容易获得团队成员的信任和尊重，从而实现高效的社交。

如何树立“专注进步”的科学心态

下面我们将探讨一系列的策略和方法，来帮助你减缓在不熟悉的人面前完成新任务的焦虑情绪和抗拒心理。我们的目标是：

- 以“专注进步”的学习型心态适应新形势。
- 避免陷入“追求完美”的表现型心态。

确保自己能够真正将注意力从“追求完美”转变到“专注进步”，一个最佳办法就是，在分析形势时，把自己当成一名科学家而非《美国偶像》的参赛选手。这就意味着，你在新形势下需要专注于学习，而不是表现；专注于实践，而不是考试或测试；心怀好奇，而不是竞争意识，并且将任务视为有趣的挑战，而并非不得不顶着压力完成的某项“规定任务”。

模拟科学家的思维方式，还可以帮助你“置身事外”，并从一个更为客观和全面的角度来分析自己即将展示的表现（以及随之产生的情绪）。在展示过后，科学家的思维方式还可以帮助你实事求是地评估自己“实践”的结果，并对自己的表现进行客观的反思。这同时可以避免自动触发沮丧、羞愧和尴尬等负面情绪。

思考自己真正想要实现什么目标

在进入新环境之后，你应该向自己首先提出这样一个问题：在接下来的表现中，你真正想要实现的目标是什么？你为什么要做这件事？这件事将如何为你提供能量？

“追求完美”的心态让我们很容易沉迷于最大限度地提高和维护自身的

社会地位。这就导致我们会下意识地认为，我们最主要的目标是：

- 超过他人。
- 占据领先位置。
- 获得认可。

但在更多情况下，我们真正想要的不过是：

- 完成既定的任务。
- 尝试学习某些具有挑战性的新事物。
- 完成个人和团队的目标。
- 可以和其他人和睦而愉快地相处。

如果让身边的人感到惊艳并非你的首要目标，那么，为什么你还会让这种想法牵着你的鼻子走？不可否认，有时候的确存在一些高风险或生死攸关的情况，需要你发挥最大潜能，用自己的能力或才华打动他人。但这种情况出现的几率和频次远远低于我们的大脑让我们相信的程度。

思考自己正在做的事情中有哪些新鲜且具有挑战性的方面

在明确了目标之后，确定自己正在做的事情里有哪些新鲜和具有挑战性的地方，也会提供极大的帮助。导致我们对新任务感到紧张的因素不外乎是因为下列的一种或多种情况：

- 全新的角色和职责。
- 全新的任务，因而要求你具备新技能和新知识。

首先要意识到，在大多数的社交新环境中，我们需要完成的往往是新旧混杂的任务。例如，你可能会发现自己承担了新的角色，因此它也对你的任务、技能和知识提出了新的要求。但这份工作很有可能需要依赖人际沟通、团队合作和问题解决等能力来完成——但这些技能你已经在学校和成长的过程中反复锤炼并熟练掌握了。

如果你决定学习一门新外语并报名课程。哪怕词汇和语法可能是全新的，但你已经十分熟悉学生的角色，并熟知课堂的流程和规范。因此，将每项新任务中的新颖和具有挑战性的部分与已经熟悉和相对简单的部分区分开来很有必要，因为这可以降低新任务的挑战性并进而缓解个人的焦虑。

思考应该为自己的初期表现设定什么样的合理目标

我们的大脑让我们在接触新环境时下意识地期待自己的表现能够像那些功成名就或身居高位的人一样好。这并不奇怪。但这样一来，我们很容易就会对自己最初的表现抱有过高且不切实际的期望。

想要做到尽善尽美并没有错，但你需要思考的是，基于自己当前的知识和能力，对自己最初的表现应该设定一个什么样的目标才算合理？如果你的确是行业新手，你是否能够期待自己真的能表现得像行内专家？如果你是团队的新成员，你是否应该默认自己已经掌握了足够的知识和技能储备，让你可以完美扮演好全新的角色？

解决这个问题的一个办法，就是先设想一件自己真正擅长的事情，然后向自己提出下列问题：

- 你认为一个初学者在完成这件事情的时候表现会如何？
- 一个初学者可能会犯下什么错误或遭遇什么阻碍？
- 你认为一个初学者可能无法瞬间掌握哪些技能或信息？

熟练掌握这个分析的技巧之后，将自己视为新人，或相对生疏的初学者，并利用下列类似的问题对自己接下来的表现进行反思：

- 对自己初期表现的合理预期应该是什么？
- 自己可能会犯下什么错误或遭遇什么阻碍？
- 你可能无法瞬间掌握的技能或信息有哪些？

视具体环境和情况的不同，对个人初期表现的合理预期也应存在差异。但这个分析的过程是通用的，它至少可帮助你避免下意识地期待自己能够表现得特别专业、毫无瑕疵或完美无缺。因此，请你首先树立科学家的心态，然后对自己接下来的初期表现进行合理的预判，并尽可能避免受到遗传思维、“追求完美”的心态和自尊心的负面影响。

评估真实存在的社会地位的风险

克服自己对失败和社会排斥的恐惧心理的一个有效方法，就是采用科学家的思维方式来客观地评估自己在初期所犯错误和所遭遇的困境以及它们会造成自己严重丧失社会地位的可能性和几率。但在大多数情况下，真实的风险要远远低于“追求完美”心态下潜意识盲目相信的风险水平。

在你初期并不完美的表现对你的社会地位产生真正的影响之前，我们完全可以采取很多补救措施和行动。初期表现对个人社会地位产生重大影响的前提是，其他人必须：

- 时刻关注你的表现。
- 时刻关注你的错误、犹豫和常态的紧张情绪。
- 把原因归结为你缺乏天赋（并无视你仍是一名新人或初学者这一事实）。

- 认定你不够出色的表现对他们来说至关重要。
- 然后以能够影响你个人社会地位和团队认可的方式做出反应。

可用于自我反思的问题

他们是否会时刻关注我的表现？个人在新环境中的初期表现对个人的社会地位和最终的成功产生显著影响的唯一前提是：周围的人时刻关注该人的表现，并能够在第一时间意识到表现的不够完美。但通常情况下，你不是同一时间段内完成任务的唯一选手，周围的其他人很有可能更专注于自身的想法、焦虑情绪和表现，而根本无暇顾及你的表现。即便他们可能看到了你的表现，他们也没有必要、意愿或动机来格外关注或挑剔你的表现。

他们是否会意识到我犯下的错误？即便他们关注了你的表现，他们是否真的会发现你犯下的错误或费心思去评判你的表现？社会心理学家们的研究已经反复证明：

- 我们倾向于更容易看到自己的错误而非他人的错误。
- 如果他人看到了你的错误，他们也往往会因为缺乏足够的知识或专业性而无法意识到那是一个错误。
- 错误往往意味着实际达成与预期目标发生了偏差。如果其他人根本不知道你的预期目标，他们又怎么能够知道你犯了一个错误呢？

他们是否会将我的错误归结为缺乏天赋？即便其他人意识到你犯了错误，只有在他们不认为你的后来者身份是导致这些表现的主要因素的前提下，你才会留下糟糕的第一印象。通常情况下，你可以帮助对方将错误归结为你的新人身份或状态，前提是你需要通过简单的解释事先让他们了解这个信息，例如在开始行动之前就说：

“我以前没做过。”

“这是我首次尝试。”

“我从来没有尝试过这样的任务。”

“我有点紧张。”

他们会在乎吗？他们做出反应的方式是否会对我的社会地位和成功产生影响？即便他们最终断定你是个不称职的白痴，他们的意见也不会对你产生任何实质的影响，除非他们做出反应的方式确实影响了你在团队中的社会地位或接受程度。假设你在滑雪道上狠狠地摔了一跤，让周围一些陌生人觉得你根本不会滑雪。除非他们能够说服对你来说至关重要的人，并让后者相信你根本不值得费心，或者滑过来然后把你踢下山，否则他们的意见对你没有任何影响。但这两种情况发生的概率高吗？

我们经常倾向于将其他人对我们的表现做出的反应解读为对我们不利的负面反馈。例如，如果有人在我们做商业展示的过程中打了个哈欠，我们就会条件反射地认为对方感到无聊了，而不会想到他/她可能只是累了。如果中途有人走出会场，我们下意识地认为他非常讨厌我们的演示，而不会首先想到他们是不是着急上厕所。我们还倾向于过分关注负面的反馈，并专注于观察那么一两个打哈欠或走出会场的人，而忽略了坐在会场十分专注而充满兴趣地关注着我们展示的其他大部分人。即便人们对我们的表现反馈十分消极，又会造成多严重的后果呢？最严重的不过是短暂的尴尬或羞愧情绪而已。

反复排练和“内心模拟实战”

减缓初次表现焦虑情绪的一个最简单办法就是花时间为首次表现做充分的准备。在通常情况下，你可以：

- 在尝试新角色、新任务或技能之前，阅读或学习相关的信息和知识。在互联网、书籍和电视节目无处不在的现代社会，你可以找到万事万物的相关指导和建议。
- 跟那些具备丰富经验的人交流并寻求意见和建议。
- 观看他人的完成过程（无论是现场或视频）并想象自己正在同步进行操作。
- 为初次表现写脚本，尤其是开场白。
- 独自（或在自己感到舒适的人面前）排练自己的表现。
- 在内心模拟自己想要的完美表现，想象自己应该想什么、做什么和说什么。
- 设想自己将如何应对可能的错误和失败。

无论你采用什么方法，训练的目标就是通过有效的“预演”来有效减缓你的焦虑情绪。

冥想和舒缓压力的技巧

有些人发现冥想和其他舒缓压力的技巧（无论是在个人的新人展示之前或之中）能帮助他们放松，并转移对消极想法的过度关注。然而冥想、专注呼吸和肌肉放松等方法也不是什么神秘而不可企及的万能药。所以请放胆尝试，看看是否对你凑效。

关键时刻到底应该怎么做

通常情况下，在你开始展示之后，你的焦虑和紧张情绪会逐渐消失。但在关键时刻，你可以通过一些方法来确保自己不会过度紧张：

- 专注于展示自身，而不是自己关于展示的负面感受和想法。
- 采用科学家的思维方式：将自己置身事外，冷静而客观地随时观察自己的表现。
- 接受自己可能会犯错的事实，但不要纠缠于错误；确保自己专注于手头正在进展的事情，而不是自己在五分钟前犯下的错误或失误。
- 关注手头事情的有趣、富有挑战性和乐趣的方面，而不要过度关注其问题和令人沮丧的方面。

如果你可以确定自己在哪些地方没有做好，那么可以调整自己的表现（前提是中途的调整不会引发其他的问题）。

愚蠢的失败还是明智的失利

“专注进步”心态的核心原则就是要具备对个人表现进行反思的意愿；并坦然地接受最终的结果，无论是成功还是失败。然后花时间来思考自己如何提高，并在下一次的表现中获得更好的效果。

“专注进步”和“追求完美”两种心态之间的一个主要区别就在于，它们分别如何看待和应对他人的反馈。研究人员已经通过脑电图研究发现，相较于秉持“追求完美心态”的人，那些信奉“专注进步”心态的人事实上更注重建设性的反馈意见。

如果你仔细思考，你会发现表现的失败其实可以分成愚蠢的失败和明智的失败两种类型。当你的表现因为你无法专注，或未能好好准备，或敷衍潦草等原因而效果不佳时，可被称为愚蠢的失败。因为这些类型的失败并不代表你真实的潜力，并且在某种程度上是可避免的。如果你的愚蠢失败并没有一票否决你，或对你的社会地位和口碑造成永久性的损害，那么你可以坦然接受既定的结果，并要求自己下一次做的更好。

当你竭尽全力做了能力范围内的最佳准备，并且已经不遗余力的进行展示之后，结果依然不如预期或所愿，那么可以称之为明智的失利。在这种情况下，你可以将自己不够完美或逊色于预期的表现归结为自己的“初学者”状态，或意外的突发情况，或运气不好等外部因素，而不是因为自己没能预估可能的错误或失误并提前更正。

一旦你意识到，自己可以从明智的表现失利中学到经验教训并降低自己在新环境中的紧张和焦虑情绪，那么这些失利也就不是真正的失败了。因为从本质上讲，你进行了一次表现的实验——你已经竭尽全力的试图以某种方式实现完美的结果，但不幸未能获得符合预期的成绩。如果你能够利用从中学到的经验教训让下一次的表现更好，那么你上一次的失利并不算是真正的失败；它只不过是成功路上踏错的一小步。这么理解就好接受多了，不是吗？

“专注进步”心态的反思和刻意练习法

为了能够更自在和自信地在社交新环境中更好的表现自己，你需要：

- 探索和发掘自己抗拒心理和焦虑情绪背后的原因。

● 在接触和执行新任务的过程中有意识地观察自己的想法和行动。

● 确定战略和方法，将自己的思维模式从“追求完美”调整到“专注进步”。

● 尽可能地找机会在不同的新环境中实验和锤炼自己的技巧。

回忆自己曾抗拒在不熟悉的人面前完成新任务或因此而感到焦虑的过往经历，思考到底是什么造成了自己对表现或展示感到担忧？例如：

● 担心会因为犯错而造成消极的后果（例如：返工、延误或受伤等）？

● 担心自己在他人面前形象糟糕？

● 担心无法实现预期的目标并因此而挫伤自尊？

● 担心无法应对随着完成全新而不熟悉的任务而来的不确定性和无法掌控的情况？

然后找出背后的规律，例如：

● 你的抗拒心理是否会因任务差异而不同？例如公共演讲，体育或运动，艺术或创意表演等？

● 你的焦虑程度是否会因为当前技能水平的变化而不同？你是否会因为自己是个初学者而更抗拒完成任务？还是当你认为其他人期望你已经具备特定水平的专业知识时更抗拒？

● 你的紧张情绪是否会因所面对人群的不同而变化？例如完全陌生的人？关系密切的熟人？亲朋好友？

● 观众人数的多寡是否会造成结果的不同？

反思那些类型的新环境会导致你对表现感到焦虑和抗拒，然后集中注意力实践正确的方法，以期取得最终的成功。

鉴于大部分的焦虑和抗拒都由个人基于自己人生中过往的表现经验所得出的假设、期望、心态和习惯而造成，因此有意识地观察自己在为表现做准备的过程中的想法和行动以及自己在关键时刻的表现，你就能够判断自己秉持的到底是“追求完美”还是“专注进步”的心态，并进而决定应该采取什么措施和方法来提高自己的表现质量。

你很有可能在未来几周内就遭遇不得不在不熟悉的人面前完成新任务的机会。因此请有意识地观察自己在接触新环境并为其做准备的过程中所产生的情绪和想法。你可以问问自己：

1. 在这个过程中，我的大部分时间到底是花在思考这个机会到底能够让我多大程度上尝试或学习新事物，还是花在纠结自己可能犯错或丢脸的几率有多高?

2. 对于即将迎来的机会，我是把它看作一次有趣的挑战还是对自己天赋的一次检测?

3. 在准备和分析这次全新的表现机会时，我到底秉持的是科学的思维方式，还是类似《美国偶像》参赛选手的心态?

为了帮助你利用“专注进步”的心态更好地为接下来的表现机会做准备，你可以进一步向自己提出下列问题：

- 我想要达到什么目标?我希望从这次体验中获得什么?
- 即将迎来的这次展示机会里有什么新奇或具有挑战性的东西?
- 考虑到我自己当前的知识储备和能力水平，我为接下来的表现所设定的预期是否合情合理?
- 其他人是否真的会留意、注意到或真正地关心我的表现到底好不好?

● 如果其他人不喜欢我的表现，可能出现的最糟糕结果是什么？

● 我如何才能通过学习、排练、“内心实战模拟”等方法来帮助自己为接下来的表现做更充分的准备？

在你开始表现之后，观察自己在这个过程中产生的想法和情绪，并向自己提出下列问题：

1. 在我开始表现之后，我的焦虑是持续存在还是逐渐消失？

2. 我是否花了更多的时间来思考自己到底做得怎么样，还是大部分时间都在思索其他人到底会如何判断我的表现？

3. 当我犯错或遭遇失败时，我的想法是“我下次需要更努力”还是“看来我确实没天分做这件事”？

4. 我是如何看待反馈的？我是主动寻求反馈还是逃避它？我会倾向于接受反馈还是每次都竭力辩驳？

5. 我是否花时间反思自己下一次要怎么做才可以取得更好的效果？

6. 我在表现之前产生的紧张和焦虑情绪是否合理？我如何才可以将这次体验给予的经验教训运用到下一次的尝试中去？

让自己能够更自在和更自信的在不熟悉的人面前大胆尝试新事物的最佳办法，就是尽可能地多多实践。例如：

● 尽可能地寻找机会来实践和尝试那些让你感到焦虑或紧张的新事物。如果你对公众演讲感到紧张，那么可以毛遂自荐地要求承担团队的演示或直接加入国际演讲小组等。

● 尝试一些全新的事物，并利用该机会来探索自己对于新事物的看法和处理方式。例如可以尝试培养全新的兴趣爱好、上一门全新的课程或加入一个新的俱乐部等。

通常情况下，你在某种新社交环境中学到的经验教训，往往可以帮助你在其他新环境中表现得更好。例如，我曾经采访的一位新人想要在蓝草即兴演奏音乐会上演奏班卓琴，但是却非常害怕在人前表演，因为担心自己会砸场。所以在演奏会的前两个月里，他一直待在乐队的外围，只负责弹奏和弦。他害怕独奏，但没想到独奏的机会来得很快。他说：

“有天晚上，所有人都迟到了。整个乐队当时只有三四个人准时到了。其中一个人说：‘你要不要演奏一下先暖暖场？’……我在家里自己演奏的时候表现还挺好的，但是我担心自己会在观众面前砸场。但后来我还是尝试了一下。我演奏了《克里普尔溪》这首曲子，表现差强人意。我知道自己还得多多练习，并尽可能的多尝试公共表演。”

但是这次体验也让他获得了全新的认识：

“但是当时我忽然觉得自己的感觉跟自己第一次做公众演讲时的感受类似。做公众演讲和公开演奏事实上有很多共同之处。而这种类似的感受让我意识到只要我继续实践，我的表现会变得越来越好。因为公共演讲的经历告诉我只要我练习的数量足够多，我就能够适应并最终自如表现。话说回来，在你尝试新事物时，个人发展的过程不外乎如此。”

归根结底，不断进步和提高的秘诀就在于勇敢的尝试。只有迈出第一步并不断地练习，你才能够真正有所得。如果什么都不做，你怎么可能学到东西？

确保新环境中成功表现的五个步骤

归根结底，只有采取行动才有可能获得成功和幸福，而这往往意味着你需要在不熟悉的人面前尝试新事物。但我们的大脑运作机制导致我们天生就害怕因为在尝试的过程中犯错或表现不佳而导致的被拒绝或丧失社会地位等后果；此外，我们的成长经历和早期接受的教育也导致我们更关注“追求完美”的表现而非“专注进步”。这种思维方式不仅仅会导致我们感到紧张或焦虑，并往往会导致我们犯下自己最担忧的错误。但是，你依然有可能变得可以更自在而自信地尝试新事物，前提是你：

1. 秉持科学家的思维方式，并更注重学习而非表现；

2. 明确了解自己想要通过全新的表现达到什么目标，并清楚地知道在全新的尝试中有哪些新奇和具有挑战性的东西；

3. 客观地评估自己当前的能力，并为接下来的表现设定一个合理的预期；

4. 客观地评估其他人对自己表现的关注程度，还有不够完美的表现对自己长期的影响程度；

5. 有意识地反思自己在新环境中对尝试表现的应对方式，并利用有效的策略来帮助自己扭转心态，让自己更注重“专注进步”而非“追求完美”。

后记：主动改变自己

在这里，我们将回顾那些能够让我们在新环境中实现高效社交的重要策略，了解一些通过运用这些策略而获得社交成功的其他人的故事。此外，本章还包括了如何开始训练以及如何保持专注等获得真正进步所必须的有效建议和意见。

给自己尝试新事物的机会

《幸福有方法》的作者——社会心理学家索尼娅·柳博米尔斯基花费了数年时间进行研究，试图了解让人感到快乐和幸福的秘诀；更重要的是，了解如何实现持续的快乐和幸福的秘诀。经过几十项研究，她与同事们得出的结论认为，一个人幸福感的50%由个人的基因决定——这意味着我们一半的幸福感在出生时就已经注定了。

但我们依然能够掌控剩下的50%。研究人员发现，剩下的50%幸福感中，40%取决于我们当前从事的活动，而最后的10%则取决于我们当前所处的环境。但问题在于，我们从某些特定的活动和环境中能够感受到的幸福感，往往会随着时间的推移而趋于下降，因为一成不变的环境和工作可能会让我们逐渐丧失兴趣，并开始觉得无聊。

柳博米尔斯基和同事们基于研究提出了一个建议，他们认为维持幸福和快乐的秘诀就在于不断尝试新事物：

在如何获得更大的幸福感上，我们能够通过研究模型提出什么普适性的建议呢？我们的建议很简单，那些追寻幸福的人都应该尽可能的尝试新事物并让自己乐在其中——最好选择那些符合个人价值观和兴趣的新事物。

你可以通过各种方式和渠道尝试新事物，例如：

- 找一份新工作，让自己能够接受新角色、新任务和新技能需求提出的挑战。
- 培养一个全新的兴趣爱好。
- 开始一项新的运动。
- 加入一个新的俱乐部或志愿者组织。
- 搬到一个新城市定居或去其他地方旅行。

在上述任何一种情况下，你都需要让自己进入一个新环境。而你让自己不断尝试和挑战全新体验的意愿，往往取决于你在自我介绍、记忆人名、提出问题、建立人际关系和在不熟悉的人面前完成任务的自在程度和信心强弱。

如果你已经读到了这里，你事实上已经尝试在阅读本书的过程中理解了自己在社交新环境中感到紧张或焦虑的因素，并开始探索和学习高效社交的策略和方法。但只有不断地反思和反复的练习，才能够确保你能够在每一项技能上实现真正的进步。

所以，你现在可以进行选择。你可以在读完书之后就将它放到一旁，忙碌其他事情。即便如此，但我依然希望本书提供的所有建议和方法中，有那么一两个能够帮助你在社交新环境下减缓焦虑。或许你可以在读完本书之后，发现自己在自我介绍、记忆人名或其他技能方面有细微进步。或者，你可以选择下定决心，从今天开始进行反思和刻意练习，以确保自己能够在高效社交方面获得真正的进步。但这并不意味着你要放下生活中的其他一切事物，你只需要作出决定和承诺，并开始以下行动：

- 想象一下自己在社交新环境中最理想的表现（以及为什么这种状态能够让你获得成功和幸福）。
- 选出一项或两项你认为真正的能够帮助你实现理想表现的技能。
- 关注自己在未来几周内实践上述技能时产生的想法、情绪和采取的行动。
- 借鉴本书的内容（并结合自己的想法）来确定战略、方法和技巧并刻意练习。
- 定期评估自己的进展（并寻求他人的反馈）。
- 在达到自己的理想状态之前不懈努力。

你可以通过尝试下列事项来提高自己成功的几率：

公开承诺。如果你能够公开向其他人宣布自己准备练习高效社交的目标，你就更有可能因为害怕丢人而坚持不懈地进行反思和实践。此外，他人也可以提供帮助、鼓励和建议，你也会觉得自己有义务不辜负自己的承诺。

认识到大脑固有思维的局限。首先要认识到，人类的大脑先天遗传了对社交新环境的焦虑和紧张机制，而且你早期接受的教育也很有可能让你学会对陌生人产生警惕和紧张感。接受这个既定事实然后继续想办法提高。

最糟糕的情况其实很少发生。大多数时候，我们担心会在新环境中遭遇的失败和社会拒绝其实永远也不会发生。通常情况下，最糟糕的后果不过是瞬间或短期的尴尬。

学会换位思考。如果你对主动接触或叨扰他人感到紧张，那么不妨思考一下如果自己身处他人的位置，你的想法和反应会如何。如此一来，不必要的紧张感便会随之消除。

将全新的社交环境或体验看成是实验而不是考验。尝试将全新的体验看成是体验和学习的机会，而不是对自我表现能力的生死判决。保持“专注进步”而非“追求完美”的心态。

给予和寻求正能量。少花时间来试图打动他人，多花时间来展示自己对他人的兴趣，多了解他们是什么样的人和正在做什么。人们喜欢跟那些积极乐观且可以给自己带来正能量的人打交道。但也不能忽视了自己的需求——因此尽可能找到那些同时能够给自己提供能量的活动。

养成记录的好习惯。大多数人的记性都不太好。将事情落到纸上（或记录到电脑上）能够帮助你在需要的时候想起所有重要的信息。

要有耐心和毅力。你正在尝试改变自己多年来养成的习惯、设想和期望，你也许在某些方面会看到显著而迅速的转变，但在其他方面则进展缓慢。要保持耐心和毅力，要相信坚持反思和实践，你将能够最终实现真正的进步。

勇于改变的神奇力量

请记住，你的终极目标并非只是成为一个在社交新环境里更自在而自信的人，而是实现事业的成功和人生的幸福。只有这样，你会更愿意主动寻求和利用各种全新的机会和体验。

我采访过一个上了些年纪的人，他多年以来的梦想是为自己最喜欢的乡村音乐歌手制作一部独角喜剧和音乐剧。但他没有任何舞台经验，而且对参加社区大学的表演课程和在人前进行表演感到十分紧张。他说："我本质上是个害羞的人，而且十分内向。所以当我告诉其他人我要去学习表演课程时，他们的反应都是'你？没搞错吧？！'"

当我问他前面几次课程的表现如何时，他的回答是"简直可怕，"然后他补充道：

"在社区学院里，95%的学生都是十九到二十岁的年轻人。我当时已经五十岁了，跟我同年龄段或比我稍微大一点的学生，不超过三个。被老师要求站到台上独自表演的经历非常恐怖。我根本没办法控制自己，我紧张得不停踱步，而且双手止不住地颤抖。老师们不得不一直提醒我要保持站位，注意脚下等。"

我问他在这种新情况下有何感想，他说：

"最突出的感觉就是恐惧。跟大多数人一样，我宁死也不要尝试公开演讲。因为我会产生无数的自我怀疑。我不知道自己能不能做好，或是其他人会不会对我虚张声势的表述感兴趣。班上还有那么多经验丰富、训练有素的演员，他们可以轻易地在舞台上秒杀其他人。所以我迟迟不愿意敞开心扉勇敢地接受这种情况的发生。"

但幸运的是，他坚持下来了。而且他鼓起勇气参加了全班在学期末排演的戏剧，并在其中担任了一个小角色。他关于公开演出最糟糕的设想从未发生，于是他继续坚持，不断进步：

"在四月份的首场演出之后，我听从了一位朋友的建议，去参加地方社区剧团的试镜，发现这竟然是一部音乐剧，而且他们刚好需要群众演员。在试镜的时候，他们扔了一个歌本给我，然后我们就直接开始排练了。这次经历也让我有机会能够跟编舞共事，并接受专业的声乐指导。”

虽然还是害怕站在舞台上对着陌生人表演，但他已经开始对自己越来越有信心了：

“我是群演的一分子，所以没有独自表演的部分。但我也参与了歌舞部分的表演。群演的人数太多，我当时担心自己表演的不怎么样；也害怕因为自己的失误导致演出失败。但其实我最终表现得还可以。”

随着课程学习和独角戏的准备工作的深入，他也越来越能够充满自信地去接触他人、提出问题和建立全新的人际关系：

“我交到了一大群新朋友。我跟他们交流了自己手头的项目，并请他们给我提供反馈和建议，让我能够更好地完善自己的剧本。最后我还认识了两三个社区剧团的联系人。我成功的在各个场合结交了一群朋友，并认识了很多人。”

在接下来的几个月里，他继续不断地发展和完善自己的表演。最后他受邀到一个会议上进行表演。“我排练了好几个星期，还联系社区学校给我上课的老师，请他指导我的准备工作。最后我在大概五十个人面前完成了一场45分钟的表演。”

表演最后观众们都起立给他鼓掌。随后他继续不断地拓展这个演出，他也不断地在里面添加新元素。此外还尽可能的寻找机会给新观众表演。他认为自己所获得的成功要归因于自己不懈的实践和坚持：

“但就我个人来说，我只是不断地重复做这件事情，然后就变得越来越自信，也更愿意公开表现。在勇敢尝试公演之后能够获得好评让我感到很兴奋，我觉得自己成功地扮演了这个角色，也收获了不错的反馈。”

他为自己所创作的剧目感到自豪，更重要的是，他在这个过程中收获了无数个新朋友，这更令他感到兴奋。

“或许最大的“好处”是它为我开辟了全新的领域，让我认识了很多圈内的新朋友。在此之前我大概只有两三个特别亲近的朋友，但现在，我跟差不多75～100人都保持着联系，并且会定期交流。朋友的数量激增了，这完全改变了我的生活。”

改变一定会发生：只要你勇敢尝试

归根结底，没有行动和勇敢的尝试，就永远也不可能实现改变。在社交新环境中你会感到紧张，这很正常。事实上，适度的紧张反而是一件好事（因为它能让你保持专注和警觉）。但你会逐步变得更自在而自信，并能够主动寻求和利用全新的机遇和体验，从而最终获得自己想要的成功和幸福。

正如一位受访者所描述的那样：

“你需要克服内心的恐惧并抓住更多的机会。只有当你不厌其烦的尝试和接触某样事物之后，你才有可能习惯它。如果你无法勇敢地尝试，你很难习惯某样事物并充分利用它。”

初入社交新环境的体验仿佛坐过山车时需要翻越的第一个高峰。在过山车越爬越高时，你会既紧张又兴奋，并对接下来要翻过的第一个顶峰感到既期待又害怕。你可能会在过山车俯冲然后翻越到另一边的过程中尖声大叫。在越过顶峰并翻转到平缓阶段后，你会开始觉得，这段体验实在是太棒了。而当你最终抵达终点并跳下车时，你觉得自己完全可以再来一遍了。整个体验中，最难的部分就在于：鼓起勇气坐进那辆过山车。

另外一位受访新人是这样描述的：

“最大的好处是你学会了如何克服恐惧……我发现，我表现得最好的时候，往往是我忘了恐惧只记得做事的时候。我发现在新情况下，我在完成某件事后获得的成就感和快乐往往与（尝试新事物）的恐惧程度成正比。”

而我们感到恐惧的部分原因是在进入社交新环境后产生的失控感。而解决问题的秘诀就是克服这种焦虑，并直接采取行动。另外一位接受访谈的新人对此表示：

“我觉得获得成功的前提就是，能够在自己没有能力掌控的新环境中依然勇于尝试和采取行动，并具备成功完成的信心。勇敢接受社交新环境，在某种程度上说也是一种英勇的行为。但我发现，在我成功的尝试某样新事物后，我会为自己所做的努力而感到自豪。”

别怕犯错，人非圣贤

刚刚进入社交新环境时，犯错或受挫是不可避免的。首先要意识到这是正常现象，也符合他人对你的预期。在大多数社交场合，你不会是唯一感到焦虑或紧张的人，其他人可能跟你有同样的感觉。所以你大可放心地勇敢的尝试介绍自己，并主动迎接新的挑战。有的时候要做到这一点很难，但在尝试新的挑战之后，你会慢慢变得更擅长。这就意味着你在自己的人生中又获得了一项新成就。”

最后，我用一位受访者的建议来总结这本书，即：

“保持微笑。要知道其他人也跟你一样感到尴尬。不要纠结于自己的恐惧，反过来，专注于如何解决他人的恐惧。让他们知道你对他们感兴趣。做一个有用且感恩的人。不要担心自己看起来很搞笑或像个小丑，保持善良的本性就可以了。”

所以，勇敢采取行动吧。尝试新事物、结识新朋友、寻求自己应得的成功、能量和快乐。希望你也可以享受这个过程！

直觉定律

如何正确利用逻辑之外不可忽视的力量

ISBN：9787515347080
著者：（美）加里·克莱因
出版社：中国青年出版社
定价：58.00元

★ 编辑推荐

◆ 诺贝尔经济学奖得主丹尼尔·卡尼曼、全球畅销书作家马尔科姆·格拉德威尔联袂盛赞

◆ 哈佛、麦肯锡、IBM、美国政府、军队权威推荐

◆ 40个案例、8个游戏、12个剖析图，告诉人们：直觉就像未经锻练的肌肉，只要坚持练习，便可以培养出绝佳的直觉能力，提升自己在做出判断与决定时的速度、弹性与适应力

◆ 入选美国精英人士必读书目《一次读完100本商业经典》

★ 内容简介

当今世界，瞬息万变，人人都把速度、弹性和适应力挂在嘴上，却并未真正运用在关键的判断与决定上。由于没有任何方法归纳、解释这些"怪怪"的感受，便认为它们不可靠，没想到事后却证实，直觉一直都是对的。

美国著名认知心理学家的克莱因博士，历经三十多年的研究发现，九成的判断与决定都是以直觉为基础，并且访问了企业高阶主管和消防队员、急诊医护人员、士兵以及其他经常面临生死关头的对象，并以此为基础，说明直觉非但重要，而且就像未经锻炼的肌肉一样，可以经过练习而加强。在培养直觉决策能力的过程中，可能会遭逢某些重大障碍。有些障碍源自组织政策，有些则因为改变的步调太快，或信息科技的普及所致。书中提供了实用而特别的步骤及练习，教我们加强直觉，克服直觉障碍，在工作表现及面对种种挑战上更自信、更成功。

如何使大脑保持持续敏锐

★ 编辑推荐

◆ 一种改变大脑年龄的活力训练法

◆ 身体/思维/心灵三个方面，提高记忆力/恢复力/专注力/反应力

◆ 敏锐才是大脑是否年轻的重要评判标准，与年龄无关

ISBN：9787515341309
著者：（美）亨利·埃蒙斯，大卫·阿尔特
出版社：中国青年出版社
定价：43.00元

★ 内容简介

◆《如何使大脑保持持敏锐》提供了一种让所有人找到大脑活力的方法。

◆ 你已经开始记不住事儿了吗？

◆ 大脑从25岁开始衰老吗？

◆ 右脑比左脑老得快吗？

◆ 乐观的人能够更专注吗？

◆ 人类大脑具备终身学习的条件吗？

◆ 放弃内心梦想会让人变迟钝吗？

◆ 无论处在什么年龄，有效地训练大脑，才是保持敏锐，提升整体活力的关键，也是提高生活质量和幸福感的关键。